Long Litt Woon • Mein Weg durch die Wälder

Long Litt Woon

MEIN WEG DURCH DIE WÄLDER

Was mich Pilze über das Leben lehrten

Aus dem Norwegischen
von Ursel Allenstein

btb

Still ums Boot, still
wie Sterne, wenn die Erde ausgeschaltet ist und
menschliche Worte,
tastende Gedanken und Träume vergessen sind.
Ich lege die Jahre auf die Rudergabel,
hebe und senke sie. Lausche.
Das leise Platschen von Tropfen im Meer
zementiert die Stille. Langsam, zu einer anderen Sonne,
wende ich das Boot im Nebel: Das dichte Nichts
des Lebens. Und rudere,
rudere.

Kolbein Falkeid, aus dem Gedicht »Eine andere Sonne«

Inhalt

Vorwort

Dieses Buch trug einmal den Arbeitstitel »Sporensuche«. Es sollte von der Reise einer Anthropologin ins Reich der Pilze handeln und von meinem Staunen über die Pilze und ihre Anhänger, denen ich unterwegs begegnete. Mein neues Interesse an der Mykologie, der Lehre von den Pilzen, half mir dabei, in einer Zeit, in der alles dunkel schien, wieder Freude und einen Sinn im Leben zu finden. Ich bin mir sicher, dass es diese Faszination war, die mich nach dem plötzlichen Tod meines Mannes aus dem Tal der Trauer herausführte. Nachdem ich schon ein wenig mit meinem Manuskript vorangekommen war, überlegte ich, wo und wie ich einige Sätze über ihn einfügen könnte. Sollte ich ihn im Vorwort erwähnen? Ich machte mich ans Werk und fing an, den Text zu schreiben, aus dem schließlich das zweite Kapitel entstand, »Der zweitbeste Tod«. Von da an änderte das ganze Buchprojekt seinen Charakter; plötzlich war es die Verbindung zwischen meiner Entdeckung der Pilzwelt und meiner Wanderung durch die Wüste der Trauer, die am interessantesten schien. Deshalb handelt dieses Buch in seiner endgültigen Fassung von zwei parallelen Reisen: einer äußeren, ins Reich der Pilze, und einer inneren, durch die Landschaft der Trauer. Während des Schreibens gibt es zwangsläufig einsame

Phasen, in denen ich hauptsächlich allein arbeite, und andere, in denen ich vom Urteil der Helfer abhängig bin, denen ich vertraue. Dazu gehören Bente Helenesdatter Pettersen, Berit Berge, Gudleiv Forr, Hadia Tajik, Hanne Myrstad, Hanne Sogn, Klaus Høiland, Johs. Bøe, Jon Lidén, Jon Martinsen Strand, Jon Trygve Monsen, Lars Myrstad Kringen, Mari Finness, Nina Z. Jørstad und die Schreibgruppe in der Tidemannsstuen, Ole Jan Borgund, Oliver Smith, Ottar Brox, Runar Kristiansen und Åsta Øvregaard. Herzlichen Dank für euren inspirierenden Beistand und für spannende Gespräche! Ein großer Dank gilt auch meinen Informanten in der Pilzszene, meinen guten Beratern bei der Norsk Etnologisk Granskning (NEG), dem Norwegischen Volksmuseum, und der Ethnografischen Bibliothek der Universität Oslo für ihre bereitwillige und wertvolle Hilfe. Vom Faglitterære Fond wurde ich von Anfang an mit einem Stipendium gefördert, ohne das dieses Projekt gar nicht zustande gekommen wäre. Und nicht zuletzt bin ich Professor Leif Ryvarden und Professorin Gro Gulden für ihren fachlichen Rat zum Thema Mykologie zu tiefstem Dank verpflichtet.

In Dankbarkeit für ein erfülltes Leben mit meinem Mann ist dieses Buch seinem Andenken gewidmet.

Memoria In Aeterna,
Eiolf Olsen (1955–2010)

Kleingartenkolonie Rodeløkken, Mai 2017
Long Litt Woon

Ein Pilz,
Freude.
Zwei Pilze,
doppelte Freude

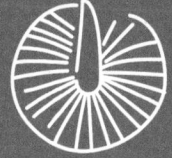

Dies ist die Geschichte einer Reise, die ihren Anfang nahm, als mein Leben aus den Fugen geriet: Eines Tages fuhr Eiolf zur Arbeit und kam nicht mehr zurück. Er kam nie wieder zurück. In diesem Moment verschwand das Leben, das ich gekannt hatte. Meine Welt war für immer verändert.

Ich war am Boden zerstört. Das Einzige, was mir von Eiolf blieb, war der Schmerz über seinen Verlust. Dieser Schmerz zerriss mich innerlich, aber ich wollte ihn nicht mit Medikamenten dämpfen. Ich wollte ihn ungefiltert spüren, roh. Er war die Bestätigung dafür, dass Eiolf gelebt hatte, dass er mein Mann gewesen war. Und deshalb wollte ich nicht, dass auch der Schmerz verschwand.

Ich befand mich im freien Fall. Ich, die immer alles unter Kontrolle gehabt hatte und mein Leben im Griff. Plötzlich fehlte eine Himmelsrichtung. Ich war in unbekanntes Terrain versetzt worden; auf unfreiwilliger Wanderschaft in einem fremden Land. Die Sicht war schlecht, und ich hatte weder Karte noch Kompass. Was war oben, was unten? Aus welcher Ecke sollte ich losgehen? Wohin meine Füße setzen?

Alles war einfach nur schwer.

Durch einen Zufall fand ich ausgerechnet dort Antworten, wo ich sie am wenigsten vermutet hatte.

Es nieselte, und die alten Blätter, die im Botanischen Garten in Oslo von den großen, ehrwürdigen Bäumen auf den Boden gesunken waren, zerfielen bereits. Die Sommerwärme war eindeutig vorbei, und die kalte Jahreszeit hielt wieder Einzug in unser Leben. Jemand hatte mich auf einen Kurs aufmerksam gemacht, und ich hatte mich angemeldet, ohne viel darüber nachzudenken. Eiolf und ich hatten so etwas schon immer einmal machen wollen, waren aber irgendwie doch nie dazu gekommen. Deshalb begab ich mich an diesem dunklen Herbstabend ohne große Erwartungen auf den Weg in den Keller des Naturhistorischen Museums.

Ich musste vorsichtig gehen; nach Eiolfs Beerdigung hatte ich es geschafft, mir auch noch den Knöchel zu brechen, und eine ganze Weile wurde ich die Angst vor einem neuerlichen Sturz nicht mehr los. Man hatte mir erzählt, es würde lange dauern, bis ein gebrochener Knöchel zusammenwächst, aber niemand konnte mir sagen, ob ein gebrochenes Herz je wieder heilt.

Die Trauer mahlt langsam und nimmt die Zeit in Anspruch, die sie braucht.

Sie verläuft unregelmäßig, bewegt sich ruckartig und in unvorhersehbare Richtungen.

Hätte mir jemand gesagt, dass die Pilze mein Rettungsanker sein, dass sie mich wieder auf die Beine bringen und auf den Weg des Lebens zurückführen würden, ich hätte die Augen verdreht. Was haben Pilze und Trauer miteinander zu tun?

Doch dort draußen, in den weiten Wäldern auf den moosbewachsenen Böden, stolperte ich schließlich über das, was ich suchte. Meine Entdeckungsreise durch die

Pilzlandschaft wurde gleichzeitig zu einer Wanderung durch meine innere Landschaft, *via interna*. Und während die äußere Reise viel Zeit brauchte, war die innere noch dazu turbulent und herausfordernd. Für mich bestand kein Zweifel, dass mich die Entdeckung des Pilzreiches immer weiter aus dem Tunnel der Trauer führte. Sie linderte meinen Schmerz und wurde mein Weg aus der Dunkelheit. Sie verhalf mir zu ungewöhnlichen Perspektiven und brachte mich Stück für Stück zu einem neuen Standpunkt. Erst im Nachhinein erkannte ich, dass die Pilze für mich zu einer Rettung in der Not wurden und scheinbar so entfernte Themen wie Pilze und Trauer zusammenhingen. Davon handelt dieses Buch.

Deshalb muss ich mit einem Anfängerkurs zum Thema Pilze anfangen.

Pilze für Anfänger

Für den Kurs hatten sich zahlreiche Teilnehmer angemeldet. Einige erlebten ihre erste Jugend, andere ihren zweiten Frühling. Sie kamen aus unterschiedlichen Gegenden der Stadt. Oslo West und Oslo Ost teilten offenbar dasselbe Interesse. Als Sozialanthropologin finde ich das spannend. Normalerweise kann man bestimmte Gesellschaftsschichten mit bestimmten Sportarten oder Hobbys in Verbindung bringen. Man braucht keine Anthropologin zu sein, um festzustellen, das dies auch in Norwegen der Fall ist, obwohl die Norweger so stolz auf ihre angeblich egalitäre Gesellschaft sind. Wenn die Norweger ein Profilbild von ihrer Nation erstellen müssten, würden sie ein Foto von ihrem König wählen, auf dem er gerade am Automaten ein Ticket für die Holmenkollenbahn kauft. Und obwohl vermutlich tatsächlich nur wenige andere Regenten den öffentlichen Nahverkehr nutzen, sollte man sich auch vor Augen führen, dass die Bahn trotzdem nicht das bevorzugte Fortbewegungsmittel des norwegischen Königshauses ist.

Die Szene der Pilzfreunde hatte dagegen etwas Klassenloses an sich, das mir sofort gefiel. Obwohl ich ihr inzwischen schon eine ganze Weile angehöre, weiß ich immer noch nicht, was die Leute, denen ich dort begegne, im normalen Leben machen. Die Gespräche über Pilze nehmen sämtlichen Raum ein, für Nebensächlichkeiten wie Politik oder Religion bleibt da kein Platz. Das heißt aber nicht, dass es in der Pilzgemeinschaft keine Hierarchien gäbe. Und noch dazu gibt es auch in diesem Milieu Helden und Schurken, ungeschriebene Gesetze und Konflikte und nicht zuletzt große Gefühle. Wie alle anderen Gruppen sind auch die Pilzfreunde ein Mikrokosmos der Gesellschaft, was mir anfangs allerdings gar nicht auffiel.

Pilze sind faszinierend und zugleich furchteinflößend: Sie locken mit lukullischen Genüssen, doch im Hintergrund schwelt stets auch die Gefahr des tödlichen Gifts. Noch dazu wachsen manche Arten in sogenannten Hexenringen, und einige haben sogar halluzinogene Eigenschaften. Wenn man in historischen Quellen nachforscht, wird deutlich, dass sich der Mensch schon immer über Pilze gewundert hat – die weder Wurzeln noch sichtbare Samen haben, sondern plötzlich einfach so auftauchen, häufig nach heftigen Regenfällen oder Gewittern, wie eine Personifizierung unbändiger Naturgewalten. Namen wie »Hexenei« oder »Satans-Röhrling« deuten ebenfalls darauf hin, dass man die Pilze für etwas Furchterregendes, Heidnisches und Magisches hielt.

Manche Menschen beschäftigen sich mit Pilzen, weil sie von deren Aufgabe als Müllabfuhr des Ökosystems fasziniert sind. Andere interessieren sich für ihre heilenden Wirkstoffe; so setzt man etwa in der Krebsforschung große Hoffnungen in Pilze. Der norwegische Beitrag zur Medizin ist der Hardangervidda-Pilz, *Tolypocladium inflatum,* der inzwischen unentbehrliche Dienste bei der Organtransplantation leistet. Wer ein natürliches Aphrodisiakum sucht, kann sich die Gemeine Stinkmorchel, *Phallus impudicus,* einverleiben, oder die Himbeerrote Hundsrute, *Mutinus ravenélii,* im Norwegischen auch »Pfaffenschwanz« genannt. Kunsthandwerker finden in Pilzen eine spannende Alternative zur Färbung von Wolle, Leinen und Seide. Und für Naturfotografen sind sie ein wildes Spektakel, denn es gibt sie nicht nur in braun oder weiß, sondern in allen denkbaren und undenkbaren Farben und Formen, mollig oder schlank, lieblich und grazil, durchscheinend und empfindlich oder so spektakulär und bizarr, als stammten sie von einem fremden Planeten. Manche Pilze leuchten sogar phosphoreszierend und erhellen den Wald, wenn die Dunkelheit hereinbricht.

Die meisten Menschen aber möchten mehr über die Suche von wildwachsenden Pilzen im Wald erfahren, weil sie diese gern essen. Trotz unermüdlicher Versuche ist es nach wie vor nicht gelungen, die begehrtesten Speisepilze zu züchten. Sie zeigen, dass der Mensch nicht alles beherrschen kann in unserer durchorganisierten Welt. Pilze haben etwas Willkürliches, Unbezähmbares an sich. »Kann man den essen?«, lautet die häufigste Frage derer, die sich mit Pilzen nicht auskennen.

Der altmodische Name des Kursveranstalters, »Pilz- und Nutzpflanzenverein Oslo und Umgebung«, weckte meine Neugier. Er klang wie ein Pendant zum »Sanitätsverein Norwegischer Frauen«. Was waren das für Leute, die sich mit Pilzen und Nutzpflanzen beschäftigten? Um ehrlich zu sein, war ich mir auch nicht ganz sicher, was man unter dem zweiten Begriff verstehen sollte. Und, wenn man dem Gedanken weiter nachging: Was waren dann unnütze Pflanzen? Nennt man sie Nutzlospflanzen? Ich wagte es nicht, diese Frage vor der versammelten Mannschaft zu stellen.

Der Kursleiter trug ein Messer in einer Lederscheide, die an seinem Gürtel befestigt war, und eine kleine Handlupe an einer Schnur um den Hals: die Grundausstattung eines seriösen Pilzsammlers, aber das wusste ich damals noch nicht. Stil rangiert nicht sehr weit oben auf der Prioritätenliste. Wenn man in den Wald auf die Suche geht, muss die Kleidung praktisch und funktionell sein. Darum sehen Pilzesammler auf den ersten Blick bisweilen aus wie von einem anderen Stern, von Kopf bis Fuß in wasserfeste Montur gehüllt und dick eingeschmiert mit Lotionen gegen Mücken, Zecken und Bremsen.

»Was sind eigentlich Pilze?«, fragte der Lehrer uns. Viele schwiegen beschämt und versuchten, seinem Blick auszuweichen. Ich auch. Lag es denn nicht auf der Hand, was ein Pilz ist? Doch er war auf eine wissenschaftliche Antwort aus, und ich hatte keine Ahnung, wo ich anfangen sollte, danach zu suchen.

Was viele, so auch ich, mit Pilzen verbinden, nennt man in der Mykologie »Großpilze«. Die meisten Pilzarten sind viel kleiner, oft mikroskopisch klein. Häufig werde ich gefragt, wie viele Pilzarten es eigentlich gibt, aber das Pilzuniversum ist so groß, dass man diese Frage nicht mit Sicherheit beantworten kann. Wie viele von ihnen bisher tatsächlich entdeckt und wissenschaftlich beschrieben wurden, ist unter Forschern umstritten. In Norwegen hat das Naturhistorische Museum an der Universität Oslo versucht, einen Überblick über die Artenvielfalt im Land zu erlangen. Von den annähernd 44 000 in Norwegen dokumentierten Arten machen die Pilze rund 20 Prozent aus, die Säugetiere

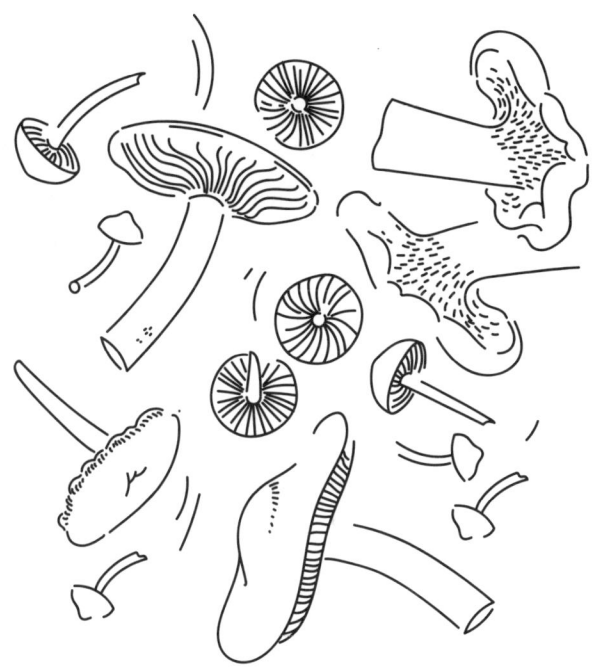

Eine Auswahl norwegischer Pilzarten

im Vergleich dazu nur 0,2 Prozent. Und gerade in den großen, artenreichen Gruppen gibt es viele unentdeckte.

Der Pilz, den man im Wald an der Oberfläche sieht, ist
nur ein Bruchteil seines gesamten Organismus. Der größte
Teil ist ein lebendiges, dynamisches Netzwerk aus langen,
dünnen Zellen, dem so genannten Myzel, das unter der
Erde oder in Bäumen und anderen Pflanzen wächst. Was
wir zu Gesicht bekommen, ist der Fruchtkörper des Pilzes,
den man mit einem Apfel im Verhältnis zum Baum verglei-

chen könnte, nur dass der »Baum« in diesem Fall komplett unter der Erde wächst. Der größte Organismus der Welt ist der Dunkle Hallimasch, *Armillaria ostoyae*. Er wurde in den USA gefunden, in Oregon, wo er ein Waldgebiet von fast zehn Quadratkilometern bedeckt. Man hat Hunderte Stichproben genommen, und DNA-Analysen des Myzels lassen darauf schließen, dass er sich von einem einzigen individuellen Pilz verbreitet, dessen Alter zwischen zweitausend und achttausend Jahren geschätzt wird. Oberhalb der Erdoberfläche dagegen ist der afrikanische *Termitomyces titanicus* der wohl größte Pilz der Erde. Sein Hut kann bis zu einem Meter breit werden. Wenn man Fotos von Menschen betrachtet, die den Pilz wie einen Sonnenschirm tragen, könnte man leicht glauben, die Bilder wären manipuliert.

Wir sehen die Pilze nur in einer sehr kurzen Phase ihres Lebens, ansonsten leben sie im Verborgenen. Unter den richtigen Bedingungen brechen die Großpilze so kraftvoll aus dem Myzel durch die Erde, dass sie Steine heben und Asphalt zum Bersten bringen können.

Pilze wachsen nicht nur im Wald, sondern auch in öffentlichen Parks, am Straßenrand und sogar auf Friedhöfen und in privaten Gärten. Pilze sind überall, wenn man jenen Pilzfreunden Glauben schenkt, die meinen, dass nicht allein dort, wo Leben ist, Pilze sind, sondern dass Pilze überhaupt erst die Voraussetzung für Leben bilden: ohne Pilze kein Leben. Ein YouTube-Video, das in Pilzkreisen kursiert, handelt sogar davon, wie Pilze unseren Planeten retten können. Pilzanhänger scheinen in ihrem Glauben gefestigt.

Jeder gute Lehrer bringt zunächst den Wissensstand seiner Schüler in Erfahrung. Deshalb begann unser Kurs mit einem kleinen Quiz über die bekanntesten Pilze. Das Ziel eines Anfängerkurses besteht darin, ungefähr 15 Arten kennenzulernen. Frische Exemplare, die noch vor wenigen Stunden ein friedliches Dasein in stillen Wäldern gefristet hatten, waren aus ihrem Moosbett gerissen worden, um als Unterrichtsmaterial zu dienen und herumgereicht zu werden. Ich spürte, wie sofort die Angst in mir aufkam, die Dümmste der Klasse zu sein. Und von den Pilzen, die durch meine Hände wanderten, erkannte ich nur den Pfifferling, das Gold des Waldes. Bei mir bestand offensichtlich großer Nachholbedarf.

Die Pilze bereiteten der Wissenschaft schon früh Kopfzerbrechen. Selbst Carl von Linné (1707–1778), bekannt als der Vater der modernen Taxonomie, weil er sein bis heute gebräuchliches System zur Klassifizierung aller Tier- und Pflanzenarten entwickelt hat, kämpfte seinerzeit mit den Pilzen. Bei ihm landeten sie in der Unterkategorie »Chaos« im Tierreich. Fast schien es so, als stünden die Pilze außerhalb der normalen Naturgesetze. Später wurde jedoch beschlossen, dass Pilze weder dem Tier- noch dem Pflanzenreich angehören, sondern ein *eigenes* Reich bilden. Das Pilzreich.

Das hatte ich noch nie gehört. Ich war schlicht davon ausgegangen, Pilze wären irgendeine Art sonderbare Pflanze. In unserem Anfängerkurs erfuhren wir auch, das Pilzreich liege näher am Tierreich und damit auch am *Homo sapiens* als am Pflanzenreich! Aus diesem Grund dienen Pilze auch als Quelle für wichtige Arzneimittel wie Penizillin oder Medikamente gegen Krebs. Das hatte ich im Biologieunterricht in Malaysia nicht gelernt. Als ich dort die Mädchenschule besuchte, hatten wir große alte Schautafeln mit Gemälden von Pflanzen, deren einzelne Bestandteile mit verschnörkelten Buchstaben beschriftet waren. Jetzt hatte ich etwas, worüber ich nachdenken konnte, wenn ich das nächste Mal im Gemüseladen stand und meinen entfernten Verwandten, den Champignon, zwischen den Fingern hielt.

Auch eine gute Sammeltechnik stand früh auf unserem Lehrplan: Wir sollten den Pilz direkt über der Erde am Stiel packen und ihn vorsichtig herausdrehen. Außerdem sollte man ein Messer mitnehmen, weil sich die Pilze manchmal tief unten im Moosteppich verbergen oder sehr standhaft sind. Auch eine Bürste, ein Backpinsel oder eine alte Zahnbürste sind nützlich, wenn man seine Ausbeute bereits im Wald grob reinigen möchte, was sehr zu empfehlen ist. Dann hat man die Pilze zu Hause schneller gesäubert, obwohl manche Leute es durchaus meditativ finden, Pilze zu putzen.

Wenn man einen Pilz gefunden hat, sollte man als Allererstes einen Blick unter seinen Hut werfen. Alles, was darunterliegt, sind relevante Informationen für die Bestimmung – ob es sich um einen Röhren- oder Stoppelpilz, einen Lamellenpilz oder einen Porling handelt, die relevanten Ordnungen im Anfängerpensum. Hat man die Antwort gefunden, kann man mit der Frage fortfahren, welche Familie, Gattung und schließlich Art man in der Hand hält.

In unserem Kurs durften wir als Erstes einen echten Röhrling anfassen – eine Birken-Rotkappe, *Leccinum versipelle*. Ein wichtiges Merkmal der Röhrenpilze ist, dass sie auf der Unterseite des Huts aussehen wie ein Schwamm und sich auch so anfühlen. Wir lernten, dass kein norwegischer Röhrling in erhitztem Zustand giftig ist, was alle Schüler fleißig notierten. Der Pilz ist weich und hat eine ulkige Konsistenz. Bei manchen Röhrlingen ändert sich die Farbe durch einen Fingerdruck, sie verfärben sich. Der Pilz bekommt schlichtweg einen blauen Fleck, ein typisches Erkennungsmerkmal einzelner Arten. Obwohl ich eine Birken-Rotkappe inzwischen schon aus der Ferne erkennen kann, ohne auf die Röhrenschicht zu drücken, fühle ich mich jedes Mal dazu verführt. Ich kann mich wie ein Kind daran erfreuen, wenn sich der Pilz blau färbt.

In meiner Kindheit in Malaysia konnten wir stundenlang mit einer Pflanze spielen, die ihre Blätter einrollte und sich verschloss, wenn man sie berührte. Dann mussten wir geduldig warten, bis sie sich wieder öffnete – ehe wir sie erneut anfassen konnten. Nie wurde uns das langweilig, obwohl doch jedes Mal dasselbe passierte. Ganz im Gegenteil, wir fanden es lustig. Mittlerweile habe ich herausgefunden, dass die Pflanze *Mimosa pudica* heißt und das lateinische *pudica* übersetzt »schamhaft« bedeutet. Meistens findet man sie in waldreichen Gebieten unter Bäumen oder Büschen. Die Eigenschaften der norwegischen Birken-Rotkappe erinnerten mich ein wenig an diese malaysische Pflanze. Dieses Gefühl, als würde die Natur mit uns kommunizieren und spielen; ein einfacher Dialog ohne Worte.

In unserem Anfängerkurs lernten wir auch die Stoppelpilze kennen, die eine Art Stacheln unter dem Hut haben. Der Semmelstoppelpilz, *Hydnum repandum,* heißt auf Englisch *hedgehog,* Igel. Manche Leute schaben die Stacheln ab, wenn sie den Pilz braten, weil die abgebrochenen Stacheln aussehen wie kleine weiße Larven.

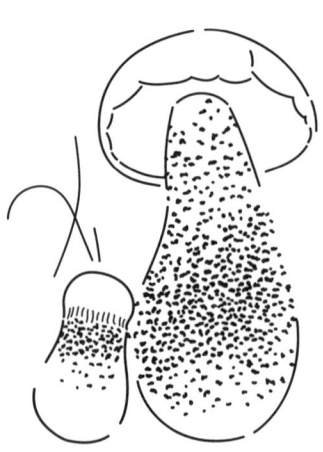

Birken-Rotkappe,
Leccinum versipelle

Der Semmelstoppelpilz ist einer der »fünf sicheren Pilze«, das heißt, einer jener Speisepilze, die keinen bösen Doppelgänger haben. Den Begriff »sichere Pilze« hörte ich zum ersten Mal. Die musste ich mir unbedingt merken.

Unser Pensum umfasste auch die Porlinge. Der Schaf-Porling, *Albatrellus ovinus,* gehört ebenfalls zu den »Fünf Sicheren«. Er sieht ein bisschen klobig und unförmig aus. Wenn man ihn umdreht, erinnert er an ein Nadelkissen, in das zu viele Löcher hineingestochen wurden. Beim Braten verändert er seine Farbe von Weiß zu Zitronengelb. Die Verfärbung bei Wärme ist eine wichtige Eigenschaft, weil sie die Identität des Pilzes zusätzlich bestätigt. Später erfuhren wir, dass die Birken-Rotkappe, mit der wir schon früher Bekanntschaft gemacht hatten, unter Wärmeeinfluss ebenfalls ihre Farbe verändert, von Weiß zu Dunkelblau. Die Welt der Pilze ist zweifelsohne noch skurriler, als ich gedacht hatte, bevor ich den Kurs besuchte.

Unter den Lamellenpilzen gibt es viele Gattungen, von den Köstlichsten bis hin zu den Gefährlichsten. Als Anfänger ist es deshalb wichtig, die gängigsten Arten identifizieren zu können, darunter die farbenfrohen Täublinge. Man könnte sie fast als die Blumen des Pilzreichs bezeichnen, es gibt sie in allen bunten Farben, Rot, Lila, Gelb, Blau und Grün. Außerdem sind sie eine Delikatesse, und schon beim Namen Täubling kann einem das Wasser im Mund zusammenlaufen. Da die meisten Täublinge nicht giftig sind und keine betäubende Wirkung haben, steht deren Name wohl in keiner direkten Verbindung mit »taub«. Es handelt sich vermutlich um eine Ableitung von »Taube« im Hinblick auf den zweifarbigen, taubengrauen oder violettgrünen Hut des wohlschmeckenden Frauentäublings.

Reizker haben ebenfalls Lamellen, und wenn man in den Pilz hineinschneidet, tritt Milch aus. Bei manchen Reizkern ist sie sogar farbig.

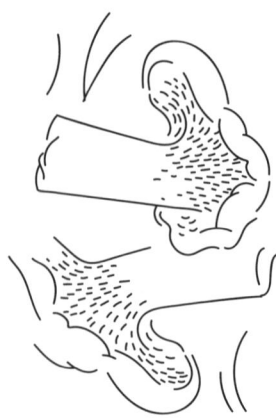

Semmelstoppelpilz,
Hydnum repandum

Der Edel-Reizker, *Lactarius deliciosus,* und der Fichten-Reizker, *Lactarius deterrimus,* deren Milch gelb-rötlich ist, gehören ebenfalls zu den »Fünf Sicheren«. Mir wurde klar, dass die Welt der Pilze viel bunter war, als ich angenommen hatte. Obwohl viele Theorien darüber im Umlauf sind, weiß bisher niemand wirklich, weshalb die Pilze so viele Farben haben. Fest steht jedenfalls, dass es eine größere Artenvielfalt gibt als nur die langweiligen weißen oder schmutzig braunen »Supermarkt-Champignons«, *Agaricus bisporus.*

Mich reizten die wilden Champignons, die auch zu den Lamellenpilzen gehören. Wir erfuhren, dass sie viel besser schmecken als gewöhnliche Zuchtchampignons, ihre Familie für Anfänger jedoch mit großer Vorsicht zu genießen ist, denn der essbare Champignon wird manchmal mit dem giftigen Knollenblätterpilz verwechselt. Ich war sehr neugierig auf den Geschmack der wilden Champignons. Und darauf, ob es mir je gelingen würde, all diese Arten voneinander zu unterscheiden. Im Pilzkurs schrieb ich mit, so schnell ich konnte, und hatte bald mehrere Seiten mit meinen Notizen gefüllt.

Ergänzend zu den Speisepilzen gehörten auch die wichtigsten giftigen Sorten zu unserem Pensum. Dieses Thema weckte natürlich großes Interesse in der Klasse – aus naheliegenden Gründen, aber auch wegen der vielen Mythen und Geschichten, die sich um tödliche Pilze ranken. So soll etwa Kaiser Claudius im Jahr 54 von seiner Ehefrau mit Pilzen vergiftet worden sein.

Der bekannte Fliegenpilz, *Amanita muscaria,* ein klassischer Bestandteil der norwegischen Weihnachtsdekoration, ist ein giftiger Pilz, aber längst nicht der giftigste in Norwegen. Der Kegelhütige Knollenblätterpilz, *Amanita virosa,* im Volksmund auch Weißer Knollenblätterpilz genannt, der im Gegensatz zum Fliegenpilz tödlich ist, hat eine schneeweiße Farbe und einen schlanken Stiel mit einem sogenannten »Ring«. Einige asiatische Einwanderer mussten in Norwegen aus schmerzlicher Erfahrung lernen, wie trügerisch die Schönheit des Knollenblätterpilzes ist. Leider ähnelt er zum Verwechseln einem delikaten Speisepilz, den die Menschen aus diesem Teil der Welt von zu Hause kennen.

Der Grüne Knollenblätterpilz, *Amanita phalloides,* ist ein weiterer giftiger Pilz, auf den wir in unserem Kurs aufmerksam gemacht wurden. Berichten zufolge schmeckt er mild und gar nicht mal übel. Ihn zu verspeisen kann jedoch ebenfalls fatale Folgen haben. Nur – woher weiß man eigentlich, dass er einen milden Geschmack hat, wenn er tödlich ist? Diese Frage stellte niemand, stattdessen verstummten alle andächtig.

Uns Pilznovizen wurde die einfache Merkregel mitgegeben, alle wilden Pilze zu meiden, die durchgehend weiß oder braun sind, das heißt, auf und unter dem Hut und am Stängel. Dennoch wurde uns schnell klar, dass es keinen einfachen Weg gab, um herauszufinden, ob ein Pilz giftig ist oder nicht. Pilze muss man lernen, einen nach dem anderen. Punkt. Daran ließen die Lehrer keinen Zweifel.

Zu den Lieblingspilzen der Kursleiter zählten das Gemeine Stockschwämmchen, die Totentrompete, der Steinpilz, der Edel-Reizker, der Milchbrätling, der Riesenchampignon und die Spitzmorchel. Ich war verblüfft, dass der so beliebte Pfifferling nicht darunter war. Die weniger bekannten Verwandten des Pfifferlings hatten märchenhafte Namen, sie wirkten vertraut und doch fremd. Hintereinander aufgezählt, hätten sie ein modernes, ungereimtes Gedicht bilden können, bei dem man für eine Nanosekunde das Gefühl hatte, etwas zu begreifen. Der Echte Pfifferling, *Cantharellus cibarius,* ist ein Pilz mit einem trichterförmigen Hut, worauf auch die Bezeichnung *Cantharellus,* »kleiner Becher«, verweist. Im Gegensatz zu den meisten anderen begehrten Arten schreit der Pfifferling mit seiner goldenen Farbe geradezu danach, gefunden zu werden. Für den Pilzsammler, der eine herausfordernde Suche bevorzugt, ist er fast zu leicht aufzuspüren. Später habe ich sogar Pilzleute kennengelernt, die an den »simplen« Pfifferlingen im Wald vorbeigehen. Wenn die Profis den Pfifferling erwähnen, tun sie es beinahe entschuldigend. (»Ja, ab und zu kann so was auch mal ganz gut schmecken.«) Verglichen mit anderen Pilzen hat der Pfifferling auch eine lange Saison. In Norwegen wächst er bereits im Juni, ein Geheimnis, das die Pilzfreunde gern für sich behalten.

Was wussten sie wohl noch alles, das ich als Anfängerin hoffentlich noch entdecken würde?

Adrenalinrausch

Nach einem Abend mit Theorie stand bei unserem nächsten Kurstreffen eine Exkursion auf dem Programm. Weil ich nicht wie die Norweger mit dem obligatorischen Sonntagsspaziergang aufgewachsen bin, stellt so etwas für mich eine Herausforderung dar. Der Wald verwandelt sich für mich schnell in einen furchteinflößenden Ort. Es ist ein unheimliches Gefühl, wenn man zum zweiten Mal auf dieselbe Gruppe von Pilzen stößt und feststellt, dass man im Kreis gelaufen ist. Mich befällt augenblicklich die Angst, ich könnte immer tiefer und tiefer in den dunklen Wald gelockt werden und plötzlich mutterseelenallein zwischen riesigen Bäumen stehen, ohne zurückzufinden. Und schon im nächsten Moment bilde ich mir ein, die Bäume würden einander im Flüsterton dazu auffordern, ihre langen

Arme nach der kleinen Pilzsammlerin auszustrecken und sie einzufangen. Ein bedrohliches Szenario, wenn man nicht mit Wanderstiefeln auf die Welt gekommen ist und gelernt hat, dass ein Ausflug in den Wald die beste Medizin gegen schlechte Laune ist. Der tropische Regenwald in Malaysia lädt nicht zu Sonntagsspaziergängen ein, der Begriff »Sonntagsspaziergang« existiert dort nicht einmal. Und wer trotzdem auf diese absurde Idee kommt, sollte sich mit Anti-Mückenspray und einer Machete bewaffnen. In der Regel wagt aber niemand dieses lebensgefährliche Unterfangen. Aus all den genannten Gründen waren die norwegischen Ausflugsgepflogenheiten ein Kulturschock für mich. Als ich ein Austauschjahr in Norwegen verbrachte, hatte niemand uns Jugendliche aus aller Welt darauf vorbereitet. Ich musste die Erfahrung allein machen und meine Komfortzone verlassen.

Deshalb war es für mich beruhigend, gemeinsam mit unseren zwei Kursleitern loszuziehen, die beide mit den norwegischen Wäldern vertraut waren. Und noch dazu Pilz-Sachverständige – als ich den Begriff zum ersten Mal hörte, musste ich kichern, weil ich Sachverständige nur aus juristischen Zusammenhängen kannte und nicht unbedingt mit Pilzen in Verbindung gebracht hätte.

Auf diesen offiziellen Waldspaziergängen erfährt man auch, wie die Pilze ihr Aussehen verändern, während sie wachsen. Manche Pilzbücher bilden leider nur die komplett ausgewachsenen Exemplare ab, nicht den gesamten Lebenszyklus. Dabei sind Pilze wie Menschen, auch an ihnen nagt der Zahn der Zeit.

Wie kam es, dass mich die Leidenschaft für die Pilze packte? Im Grunde hatte es schon auf meiner ersten Pilzlehrwanderung mit dem Anfängerkurs begonnen. Kaum waren wir im Wald, entdeckte ich acht oder neun Knollenblätterpilze, die in einem Grüppchen zusammenstanden. Sie sahen so unschuldig und rein aus, und trotzdem wurde mir beim Anblick der tödlichen Pilze innerlich ganz kalt. Doch mit meinem neu erworbenen Wissen, was ich aus der Natur auf keinen Fall essen durfte, fühlte ich mich diesem schwierigen Thema schon etwas gewachsener. Anschließend wurde ich davon erwärmt, etwas bewältigt zu haben. Obendrein fand ich eine Totentrompete, *Craterellus cornucopioides,* die gut zwischen alten Blättern und Zweigen versteckt war. Der Kursleiter identifizierte sie als Delikatesse, was mich ein wenig überraschte, weil dieser Pilz grau-schwarz war und für mich nicht unbedingt genießbar aussah. So kann man sich täuschen, wenn die eigenen Vorstellungen auf Annahmen basieren und nicht auf Fachwissen. Ich hatte noch nie einen Kurs besucht, bei dem ich die erworbenen Kenntnisse sofort anwenden konnte, und war zutiefst beeindruckt von meinen Lehrern. Mit einem Korb voller Speisepilze kehrte ich von unserem Ausflug zurück, zufrieden mit meiner Ausbeute und mit mir selbst.

Kurz darauf lernte ich die wichtigsten Pilzgattungen

kennen und konnte etwas mehr Struktur in dieses komplexe Gebiet bringen. Ob es mir eines Tages gelänge, die 15 Arten unseres Kurslehrstoffs zweifelsfrei zu identifizieren? Die sogenannte Prüfung für Pilzsachverständige setzt sogar ein Pensum von 150 Arten voraus, wie sollte das gehen? Diese Prüfung zu bestehen erschien mir vollkommen unmöglich.

Die Ausflüge in den Wald werden zu einem ganz anderen Erlebnis, wenn man sich mit neuem Wissen darin bewegt, und sei es noch so begrenzt. Plötzlich sah ich überall Pilze, an denen ich früher einfach vorbeigelaufen wäre, weil sie sich so perfekt der Landschaft anpassten.

Jetzt »ploppten« die Pilze in 3D aus dem Boden, weil ich sie durch eine neue Brille sah. Zusätzlich lernte ich auch noch Einiges über die norwegische Flora, wie etwa, dass das Leberblümchen nur auf kalkhaltigen Böden wächst. Und wenn man Leberblümchen sieht, stehen die Chancen gut, in der Nähe auch Pilze zu entdecken, weil sie dieselben Vorlieben haben.

Als ich in der freien Wildbahn meine ersten Pilze wiedererkannte, fand ich einen neuen Sinn im exotischen norwegischen Wald. Nach einer Weile sehnte ich mich sogar danach, in die dunkelgrünen Wälder zu gehen. Mittlerweile schweift mein Blick wie ein Radar über den Boden, damit ich mir beim Gehen einen schnellen Überblick über die Landschaft verschaffen kann. Ob es hier wohl interessante Pilze gibt? Will man sie finden, muss man das Handy

Totentrompete, *Craterellus cornucopioides*

ausschalten und in den »Pilzmodus« gehen und gegenwärtig sein – im Wald. Inzwischen habe ich gelesen, dass ein Ausflug in den Wald nicht nur Körper und Seele guttut, wie die Freiluftenthusiasten predigen, sondern auch dem Gehirn.

Als Kinder haben wir alle erlebt, wie es ist, vollkommen von etwas gebannt zu sein: Wenn man zum Beispiel den emsigen Ameisen bei der Arbeit so fasziniert zusieht, dass man nicht hört, wie man zum Essen gerufen wird. Genauso aufregend ist das Pilzabenteuer. Man blendet die Trivialitäten des Alltags aus, wenn man auf die Suche geht. Die Jagd- und Sammelinstinkte werden geweckt und locken einen sofort in eine eigene Welt. Konzentration und Spannung steigen: Werde ich den Schatz finden? Und wenn sich dann endlich ein hübscher Pfifferling offenbart, können sich manche Sammler nicht halten und sagen zu dem Pilz: »Unglaublich, wie schön du bist!« oder sogar: »Komm zu Mutti, mein Kleiner!« Oft werde ich aber auch nur von einem gelben Birkenblatt in die Irre geführt, das mein Herz höher schlagen lässt, weil ich hoffe, das Gold des Waldes gefunden zu haben. Vieles erweist sich am Ende weder als Gold noch als Pilz, aber einmal stieß mein Radar mitten auf dem Waldboden sogar auf ein paar herrenlose Geldscheine. Es ist kaum zu glauben, was man in einem norwegischen Wald alles finden kann, wenn man die Augen offen hält.

Nicht nur Sportler sprechen gern vom »Flow«, der entsteht, wenn man seine Disziplin so beherrscht, dass Fähigkeiten und Herausforderungen im Einklang sind. Wenn sie sich ganz dem Augenblick verschreiben und der Körper und die Aufgabe miteinander harmonieren, werden positive Gefühle freigesetzt. Konzentration und ungeteilte Aufmerksamkeit führen zu Freude und Begeisterung. Man ist im Fluss. Aus der fernöstlichen Tradition kennt man auch den »Zen-Moment«, bei dem man sich, nach langer Übung, dem Erlebnis einer existentiellen Befreiung von Zeit und Ort hingeben kann. In vielerlei Hinsicht sind Flow und Zen verwandte Erfahrungen. Man befindet sich in einer glücklichen Blase. Die Welt kann einem nichts anhaben.

Im Gegensatz zum Erlebnis der Sportler und Zen-Mönche konnte ich das Glück des Pilzsammelns auch als Neuling sofort erfahren, ohne die obligatorischen Trainingsstunden oder die regelmäßige Meditation. Ich kann mir vorstellen, dass man beim Skifahren, Segeln oder anderen Hobbys mehr Übungsstunden absolvieren muss, um ähnliche Höhenflüge zu erleben. Was die Pilze betrifft, muss man nicht unbedingt etwas können, ehe man einen Adrenalinrausch erlebt. Es reicht vollkommen, mit einem Experten spazieren zu gehen. Das Pilzglück ist leicht zu haben, eine Art »Flow light«.

Ich bin den Pilzen verfallen und habe dadurch ein Paralleluniversum entdeckt, eine unsichtbare Zauberwelt direkt vor meinen Schuhspitzen, mit einer eigenen Logik und unkontrollierbaren Lebenskraft, an der ich früher vollkommen unwissend vorbeigegangen bin. Wenn ich Pilze finde, habe ich mitunter das Gefühl, die Zeit würde aufhören zu existieren. Ich erlebe Zen und Flow auf einmal. Das Wohlbehagen und das Erlebnis, eins mit dem Universum zu sein, führen zu innerer Zufriedenheit und Glück. In diesem Moment zählt nur, genau dort zu sein, wo ich bin, und zu tun, was ich tue. In diesem Moment denke ich nicht darüber nach, was ich abends kochen könnte oder was die Leute von meiner Frisur halten.

Pilzesammeln ist eine konkrete und sinnliche Tätigkeit. Zunächst spürt man den Grad des »Widerstands« im Pilz. Manche Pilze klammern sich besonders hartnäckig im Boden fest, andere sind gleich bereit, den Wald zu verlassen und folgen uns brav nach Hause, wenn wir sie nur freundlich anlächeln. Ich liebe den Moment, wenn ich nach etwas vorsichtigem Scharren und Drehen endlich meinen wertvollen Fang in der Hand halte. Für mich ist es fast so, als hätte ich das Gewinnerlos ausgegraben, einen kostenlosen Glücksrausch in mehreren Dimensionen.

Das Gefühl, etwas bewältigt zu haben, ist das eine. Etwas ganz anderes, Unerwartetes, ist die Freude: Mein Herz machte einen Satz, als ich zum ersten Mal ganz allein einen köstlichen Speisepilz fand. War das so etwas wie Glück? Mir wurde ganz schwindelig, als ich dieser Empfindung nachspürte, die ich nach Eiolfs Tod für immer verloren geglaubt hatte. Es war wie eine Multivitamininjektion direkt ins Blut. Was für ein Erlebnis! Die Begeisterung kribbelte in all meinen Körperzellen, und plötzlich fiel ein schmaler, goldener Lichtstrahl direkt in meine Seele. War es möglich, eine so funkelnd klare Freude zu erleben, obwohl mir doch eigentlich alles diffus und hoffnungslos vorkam?

Wenn man einen Pilz findet, ist die Chance groß, dass sich in der Nähe noch weitere Vertreter derselben Art befinden. Die Entdeckerfreude ist kumulativ: ein Pilz, Freude; zwei Pilze, doppelte Freude. Verzückung und Jubel!

Während sich das Universum der Pilze vor mir auftat, verstand ich, dass der Weg zurück ins Leben einfacher war, als ich glaubte. Es ging schlichtweg darum, jene strahlenden und funkelnden Glücksmomente zu sammeln. Ich musste nur weiter dem Pfad der Pilze folgen, ohne zu ahnen, was mich erwartete. Was würde ich in der Ungewissheit finden, die vor mir lag? Was verbarg sich hinter Berggipfeln, Kurven und Nebel?

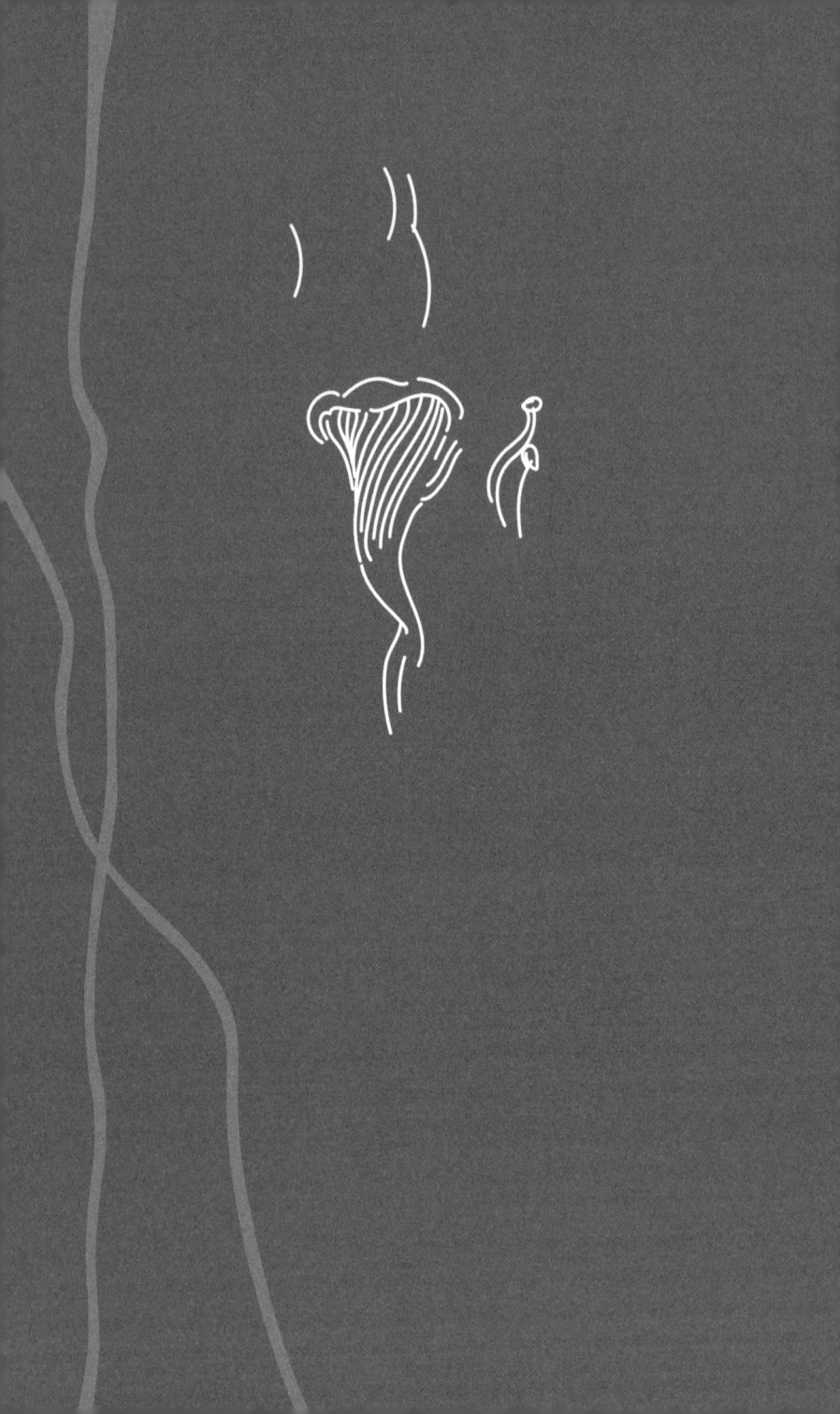

Der zweitbeste Tod

Der Tod holte Eiolf an einem klaren Sommermorgen ein. Bevor er in seinem Büro angekommen war. Bevor er den Kaffee aufgesetzt und seine schwere Schultertasche abgelegt hatte. Wie immer war er einer der Ersten am Arbeitsplatz. Es war das letzte Mal gewesen, dass er zur Arbeit fuhr, aber wie hätten wir das ahnen sollen? Er stand mitten im Leben. Dachten wir.

Eiolf starb plötzlich. So plötzlich, dass ich immer noch darüber nachdenke, ob ihm bewusst war, was passierte. Hatte er verstanden, dass seine Lebenszeit abgelaufen war? Spürte er, dass er am äußersten Rand stand? Was war sein letzter Gedanke gewesen? Und war sein Tod so, wie er ihn sich vorgestellt hatte? Wurde er, ganz langsam und geborgen, von einem hellen Licht angezogen? War die Kraft dieses Lichts wie eine intensive, warme Verliebtheit, wie eines der schönsten Erlebnisse, das man sich vorstellen kann? Zum Glück waren an diesem frühen Morgen auch noch andere da. Ein Kollege sah Eiolf stürzen und dachte zunächst, er wäre gestolpert, erkannte dann aber schnell den Ernst der Lage. Als Eiolf mit dem Rettungswagen weggefahren wurde, rief er mich an. Ich war wach und frisch geduscht und wollte den Tag gerade mit einem gemütlichen Frühstück beginnen.

Ich war noch ganz benommen von dem Gespräch mit Eiolfs Kollegen, als das Telefon kurz darauf erneut klingelte. Diesmal war es eine fremde Stimme. Ein Arzt aus dem Krankenhaus.

»Ich habe keine guten Nachrichten«, sagte der Arzt. »Ihr

Mann ist verstorben. Mein herzliches Beileid«, fuhr er fort, gleichförmig wie ein Metronom.

Aus dem Nichts heraus bekam ich die Todesnachricht an den Kopf geknallt.

»Wie? Was ...?« Ich kann mich kaum noch erinnern, was ich sagte.

»Ihr Mann hat sofort das Bewusstsein verloren. Er hatte keine Schmerzen«, erklärte der Arzt.

Ich wurde still. Ich wusste nicht, was ich ihn fragen sollte.

»Das ist die beste Art zu sterben«, fügte der Arzt hinzu.

Ich spürte, wie eine Welle des Protests in mir aufstieg und mir im Hals brannte. Seinen Worten konnte ich auf gar keinen Fall zustimmen, aber ich schaffte es nicht, etwas einzuwenden. Vielleicht hatte der Arzt das gesagt, um mich zu trösten, aber ich war nicht empfänglich für Bürokratentrost. Im Gegensatz zu ihm war ich der Meinung, es wäre am besten, bei vollem Bewusstsein zu sterben, aber ohne starke Schmerzen, und eine Gnadenfrist zu bekommen, um in Ruhe Abschied nehmen zu können. Nicht nur, weil es den liebsten und nächsten Menschen hilft, sondern auch dem Sterbenden selbst. Ein Leben abzuschließen braucht Zeit.

Ich fühlte mich, als hätte mir jemand einen Schlag mit der Keule verpasst, der schwersten, die man sich vorstellen kann. Alles drehte sich. Ich musste mich hinsetzen. Mir brach der kalte Schweiß aus. In meinem Inneren herrschte Chaos, ein völliger Ausnahmezustand. Mir war übel. Träumte ich, oder war ich wach? Wie konnte er tot sein, er, von dem ich immer gedacht hatte, er würde mich überleben? Noch vor wenigen Stunden waren wir zu zweit in diesem Leben gewesen. Wir waren immer zu zweit gewesen, seit ich 18 war und Eiolf 21. Und jetzt lag er in der Notaufnahme in Ullevål und war tot. Im einen Augenblick so lebendig, im nächsten tot. Nur ein Herzschlag trennt den einen Zustand vom nächsten. Mein bester Freund war fort. Ich war allein auf der Welt.

Ich wollte den Hörer nicht auflegen und presste ihn noch fester ans Ohr. Ich wünschte, der Arzt würde weiterreden. Kein Detail war zu nebensächlich. Alles, was er mir über Eiolf erzählen konnte, schien von höchstem Interesse. Der Arzt war meine einzige Verbindung zu der brutalen Tatsache, die mich an diesem Morgen traf. Ich glaube, ich vergaß zu atmen. Eiolf war der Grund dafür, dass ich meine Lebenspläne geändert hatte und von Malaysia nach Norwegen gezogen war. Ich würde ihn nie wieder sehen, riechen, nie wieder mit ihm sprechen, ihn nie wieder umarmen.

Sein Tod ergab überhaupt keinen Sinn. Dieser Anruf zerschnitt mein Leben in zwei Hälften. Und noch bevor ich den Hörer auflegte, war mein altes Leben verschwunden.

Jede lange Beziehung kann nur auf zwei Weisen enden: durch Trennung oder Tod. Unsere endete, indem Eiolf starb. Der Tod ist absolut: Man ist entweder tot oder nicht. Viele dünne, durchsichtige Fäden trennen den einen Zustand vom anderen. Manchmal sind die Fäden gesund und stark und verhindern, dass man ins Totenreich hinabsteigt. Wir haben alle schon Geschichten von Leuten gehört, die dem Tod von der Schippe gesprungen sind, die allen Widrigkeiten zum Trotz in allerletzter Sekunde gerettet wurden. Fast jeden Tag kann man in der Boulevardpresse von einem solchen Wunder lesen. Doch manchmal sind die Fäden auch zart und empfindlich. Sie reißen bei der kleinsten Berührung und lösen sich auf. Dann ist der Weg vom Leben in den Tod brutal kurz. Dann balanciert man auf der Messerschneide des Lebens und verliert das Gleichgewicht. Und es gibt keinen Weg zurück.

In der Notaufnahme wurde ich schon erwartet. Man wusste, wen ich sehen wollte, aber ich durfte nicht sofort zu ihm. Erst führte mich eine Krankenschwester in ein Büro und sprach mit mir. Ich glaube, sie wollten mich vorbereiten und beruhigen. Ich bekam einen Pappbecher mit kaltem Wasser und trank es, ohne darüber nachzudenken, ob ich durstig war. Nachdem wir eine Weile geredet hatten, bat mich die Krankenschwester, ihr zu folgen. Wir gingen mehrere Gänge entlang und blieben vor einer Tür in derselben Etage stehen. Die Krankenschwester öffnete die Tür, und dort lag Eiolf unter einer Bettdecke, als würde er schlafen. Obwohl ich gewusst hatte, dass wir auf dem Weg zu ihm gewesen waren, überraschte es mich doch, ihn plötzlich in diesem Raum zu sehen. Das Bett war frisch bezogen und das Zimmer mit Kerzen und Blumen geschmückt. Es herrschte eine feierliche Stimmung, voller Ehrfurcht vor dem Tod, und vor dem Leben.

Ich hatte mir vorgestellt, ich müsste einen dunklen, kalten Kellerraum betreten. Ich hatte mir vorgestellt, Eiolf würde allein in einem kalten Metallbett liegen, mit einem Laken über dem Kopf. Doch hier ruhte er und sah aus, als würde er schlafen, so friedlich, in diesem frisch bezogenen Bett. Meine Beine gaben unter mir nach, und ich sackte zu einem unordentlichen Haufen auf dem Boden zusammen. Mein Körper zitterte. Ich hörte mein Herz rasen. Ein ums andere Mal flehte ich Eiolf an, er möge wieder aufwachen, aber er reagierte nicht. Die Krankenschwester sah weg. Vielleicht wollte sie mir in diesem Augenblick meinen eigenen Raum lassen. Ich beachtete sie auch gar nicht. Ich wollte ihn in die Arme nehmen, ihn anfassen. Ich ließ meine Hand unter die Decke und über das glatte Bettlaken gleiten und berührte ihn. Er war noch warm. Damit hatte ich nicht gerechnet. Ich war rechtzeitig gekommen, bevor er kalt und fern wurde.

Und obwohl ich wusste, dass Eiolf tot war, konnte ich es nur schwer begreifen. Vielleicht hatten sich die Ärzte getäuscht? Vielleicht war die Zeit der Wunder noch nicht vorüber? Vielleicht würde er einfach wieder aufwachen und lächeln? Ganz langsam die Augen öffnen, mich ansehen und irgendetwas Typisches sagen, wenn ich das nächste Mal geblinzelt hatte?

Ich blinzelte. Er wachte nicht auf. Das Leben stand still. Mir blieb nichts anderes übrig, als die letzte Hoffnung aufzugeben.

Als ich das Krankenhaus schließlich wieder verließ, überreichten sie mir zwei Plastiktüten mit seiner Kleidung und seiner Schultertasche. In der Tasche lag auch seine Kamera, die er immer dabeigehabt hatte. Eiolf war ein leidenschaftlicher Fotograf gewesen. Es war ein merkwürdiges Gefühl, dass ich die Motive würde sehen können, die zum letzten Mal seine Aufmerksamkeit erregt hatten. Aber erst einmal blieb mir dafür gar keine Zeit.

Es gab tausend praktische Fragen, die nach einer Antwort verlangten. Welcher Sarg? Welche Art der Bestattung und Trauerfeier? An welchem Datum? Zu welcher Uhrzeit? In welcher Kapelle? Was soll in der Todesanzeige stehen? Und wie der Ablauf aussehen? Welche Musik gespielt werden? Wer musste benachrichtigt werden? Ich war am Ende, aber ich musste trotzdem handeln und große und kleine Entscheidungen treffen. Ich handelte wie ferngesteuert. Das Telefon klingelte in einem fort. Die Leute waren fassungslos. Obwohl ich selbst unter Schock stand, musste ich andere trösten und aufbauen. Ich hörte mich selbst sprechen und wusste nicht, wo die Wörter herkamen. Die Tage vergingen in einer rasenden Geschwindigkeit, als würde der Vorspulknopf klemmen. Wo ich selbst in all dem Durcheinander war, kann ich kaum sagen.

Am meisten verlangte mir etwas ab, das ich mir selbst ausgesucht hatte. Ich hatte mir gewünscht, Eiolf einzukleiden, bevor er in den Sarg gelegt wurde. Als ich mein Anliegen beim Bestattungsunternehmen vorbrachte, verzog mein Ansprechpartner keine Miene. Alles war möglich. Bei einem Bestatter erhält man eine lange Liste mit Wahlmöglichkeiten, die sofort Bedürfnisse weckt, die man bisher gar nicht kannte. In Malaysia ist es üblich, dass die nächsten Angehörigen den Verstorbenen ankleiden und versorgen. Obwohl ich diese Aufgabe bisher noch nie übernommen hatte, wusste ich, dass ich Eiolf ankleiden wollte. Und obwohl er tot war, hatte ich auch ein starkes Bedürfnis danach, ihn zu sehen. Weil ich mit einer anderen Tradition aufgewachsen war, verstand ich nicht, wie manche Angehörige alles einem Bestattungsunternehmen überlassen und den Toten anschließend in einem geschlossenen Sarg verabschieden konnten.

Als ich zur vereinbarten Zeit in der Krankenhauskapelle eintraf, wollte man mir die Gelegenheit geben, einen Rückzieher zu machen. Ich wurde darauf aufmerksam gemacht, dass es belastend sein könne, Eiolf anzukleiden, weil er obduziert worden sei. Die Narbe von diesem Eingriff sei groß, warnte man mich. Ein Ypsilon auf seinem Brustkorb. Ich hatte der Obduktion zugestimmt, weil ich dachte, sie könne Aufschluss über Eiolfs unerwarteten Tod geben. Doch es waren keine neuen, aufsehenerregenden Details gefunden worden, nichts, was wir nicht schon vorher gewusst hatten. Mit anderen Worten war das Ganze für Eiolf überflüssig gewesen. Oder vielleicht vor allem für uns, die Hinterbliebenen? Als ich bereit war, wurde Eiolf auf einer Bahre in die Kapelle geschoben. Vielleicht war er auch schon dort gewesen, und sie hatten ihn nur zu mir hingerollt? Ich bin mir nicht sicher, aber ich habe ein klares Bild vor mir: sein Körper mit einem Laken bedeckt, sein Gesicht jedoch nicht. Darüber war ich froh.

Das Personal in der Krankenhauskapelle hatte recht. Es

war belastend, Eiolf zu sehen. Aber nicht wegen der großen Narbe, die vom Hals bis zum Bauchnabel verlief, mit groben, hastigen Stichen genäht. Sondern weil er so tot aussah. Seine Gesichtshaut wirkte leblos, entseelt. Und obwohl er schon seit einigen Tagen tot war, traf mich sein Anblick unvorbereitet. Er war es, und er war es doch nicht. Es war nicht Eiolf, den ich sah, sondern seine Leiche. Das Wort »Totenmaske« bekam eine ganz andere, neue Bedeutung. Wie nimmt man Abschied, wenn das Leben definitiv vorbei ist? Es wirkte so kalt, wie er dort lag, nackt auf dieser schmalen Bahre aus Leichtmetall. Für mich hatte die Obduktion den letzten Rest Leben vertrieben, der noch in seinem Körper gewesen war. Jetzt schlief er eindeutig nicht. Er war bläulich-kalt und tot. Und zwar richtig. Jetzt stand endgültig fest, dass ein Wunder außer Reichweite war. Trotzdem war es auch schön, ihm wiederzubegegnen. Er sah so entspannt aus und friedlich. Stark und verletzlich zugleich. Und lächelte er nicht sogar ein bisschen?

Durch ein großes Dachfenster strömte von oben Licht in die Kapelle, zusätzlich brannten einige Kerzen. Hinter der Bahre hing ein modernes Glasgemälde. Alles war sauber, ordentlich und friedlich. Der Stil war einfach, weder pompös noch kitschig. Beinahe elegant. Mir gefiel das. Ich strich Eiolf über die Wange, als wollte ich ihn trösten, obwohl es für ihn keinen Trost mehr gab. Oder versuchte ich mich selbst zu trösten? Der Kontrast zu meiner eigentlichen Aufgabe war stark. Gemeinsam mit meiner Mutter sollte ich Eiolf ankleiden und in den Sarg legen. Ich war fest entschlossen, ihn auf diesem letzten Abschnitt seiner Reise zu begleiten. Das Leben endet nicht einfach nur innerhalb eines Augenblicks, nach dem letzten Atemzug. Der Tod besteht aus vielen tausend kleinen, heiligen Augenblicken, die in ihrer Gewöhnlichkeit göttlich sind. Sie sind unersetzlich, und ich hüte sie wie einen Schatz.

Was sollte Eiolf tragen? Wir hatten einen ziemlich neuen, dunklen Anzug dabei. Wir hatten einen neuen, farbenfrohen Sarong dabei, den meine Mutter ihm als letzten Gruß mit in den Sarg legen wollte. Das Bestattungsunternehmen hatte ein weites, weißes Leichenhemd mitgebracht, wie es in Norwegen üblich ist, und eine leichte, dünne weiße »Bettdecke«. Für mich war es eine schockierende Entdeckung, dass die Toten untenherum unbekleidet blieben. Die Decke, die über dem Hemd liegt, soll die Illusion erwecken, dass der Tote schläft und dass er bekleidet ist. Es endete damit, dass Eiolf als Oberteil ein weißes, norwegisches Leichenhemd trug und dazu einen bunten Batiksarong aus Malaysia als knöchellangen Rock. In seinen eigenen vier Wänden hatte er immer einen Sarong getragen. Es war das Erste, was er anzog, wenn er von der Arbeit nach Hause kam. Die Möchtegernbettdecke legten wir nicht in den Sarg. Trotz unserer Planlosigkeit erzielten wir schließlich doch ein gutes Ergebnis. Ja, es war beinahe schön. Ich war zufrieden, dass wir für Eiolf eine Kleidung gefunden hatten, die das Leben widerspiegelte, das er gelebt hatte. Es war ein gutes Gefühl, eine persönliche Lösung für eine konkrete Herausforderung zu finden, anstatt das fertige Paket von der Liste des Bestatters zu wählen. Trost und Balsam für die Seele findet man in den kleinsten Details, dort, wo man es am wenigsten vermutet. Den Sargdeckel zu schließen hat allerdings etwas Endgültiges an sich. Es unterstreicht, dass etwas definitiv vorbei ist.

Zur Beerdigung kamen viele Bekannte und Unbekannte. Eiolfs Arbeitskollegen. Studienkameraden. Bekannte. Menschen aus unserer Gartenkolonie, die wir jedes Jahr von Mai bis Oktober sahen, wenn wir aus unserer Wohnung in unser Gartenhaus zogen. Entfernte Verwandte, zu denen wir keinen regelmäßigen Kontakt hatten. Es war seltsam, die Konturen eines Lebens zu sehen, das ich so gut zu kennen geglaubt hatte.

Normalerweise bereitet es mir keine Probleme, vor einem großen Publikum zu sprechen, aber wie verabschiedet man sich zum allerletzten Mal? Was soll man sagen? Ich erinnere mich noch gut, wie ich an jenem Tag, als meine ganze Familie aus allen Ecken der Welt anreiste, viel zu früh wach wurde. Sie hatten Eiolf sehr geliebt, mein Vater nannte ihn gern seinen »Lieblingsschwiegersohn«. Weil ich seine einzige Tochter bin, konnte er dies nicht nur aus vollem Herzen sagen, sondern auch, ohne dabei seine Schwiegertöchter zu beleidigen. An jenem Morgen war es draußen schon hell, obwohl die ganze Stadt noch schlief. Allmählich erinnerte ich mich, dass ich gerade von Eiolf geträumt hatte. Was für ein Glück! Es war überraschend und berührend gewesen. Er hatte etwas Engelsgleiches an sich gehabt, weil er jetzt einfach kommen und gehen konnte, wie es ihm passte. Ich öffnete die Augen und war sofort hellwach: War Eiolf im Schlafzimmer? Und plötzlich flogen mir die Wörter zu. Ich griff nach einem Stift und schrieb die ganze Rede, noch während ich im Bett lag.

Normalerweise hatte ich keine Angst, vor Publikum zu sprechen. Nun war ich mir jedoch nicht sicher, ob ich das durchhalten konnte, was in meinen Augen mein wichtigster Auftritt sein würde. Ob ich aufrecht dort stehen könnte, ohne zusammenzubrechen? Ob ich auch nur ein Wort über die Lippen brächte?

Mein einziger Trost in diesen Tagen war, dass es zwischen Eiolf und mir nichts Ungesagtes gab. Ich war immer dankbar gewesen, ihn geheiratet zu haben, und hatte stets wenig beitragen können, wenn sich meine Freundinnen wieder einmal gebetsmühlenartig über ihre Männer beschwerten. Und das hatte ich ihm auch oft mitgeteilt. Ich war erleichtert, ihm dafür gedankt zu haben, dass ich in unserer Ehe immer ich selbst sein durfte und nie als Ehefrau mit Verbesserungspotenzial gesehen wurde.

Nach der Beisetzung waren Familie und Freunde in das Vereinshaus der Kleingartenkolonie eingeladen. Das Essen war erschreckend bescheiden. Keine eleganten Kanapees, keine aufwendig belegten Schnittchen, sondern typisch norwegisches Fastfood: Würstchen mit Kartoffelfladen. Ich

hatte mich nur darauf konzentriert, die Beerdigung zu über-
stehen, und überhaupt nicht daran gedacht, was es anschließend zu essen geben sollte. Und als mir klar wurde,
dass ich mich auch darum kümmern musste, geriet ich in
Panik. Als ich auf die Idee mit den Würstchen kam, freun-
dete ich mich schnell mit dieser Lösung an. Im Grunde war
das ein Menü ganz in Eiolfs Sinne. Er hatte im Laufe der
Jahre sicher viele Würstchen verdrückt, von denen ich nichts
mitbekommen hatte. Noch dazu konnte schnell jemand losgehen und Nachschub besorgen, wenn wir sahen, wie viele
Leute da waren und wie viel sie aßen. Das kam meiner prak-
tischen Veranlagung sehr entgegen.

U, einem Freund, der mir in jener Zeit häufig seine Hilfe
anbot, übertrug ich die Verantwortung für das Servieren
der Würstchen. Er fragte, mit wie vielen Trauergästen ich
rechnete. Ich konnte es nicht beantworten, ich hatte keine
Ahnung und war auch nicht in der Lage, es ansatzweise zu
schätzen. Im Nachhinein weiß ich auch nicht, wer sich um
den Kaffee gekümmert hatte. Es gab auch eine Auswahl an
Kuchen, aber wo kam er her? Irgendjemand hatte sich der
Aufgabe einfach so angenommen. An diesem Tag entging
mir vieles.

Das Vereinshaus der Kleingartenkolonie bildete einen
perfekten Rahmen für den Leichenschmaus. Zunächst
musste man auf schmalen Wegen durch die Anlage stapfen, wo jeder Garten und jede Hütte einen eigenen Stil
hatte. Manche waren schlicht, andere sehr aufwendig ge-

staltet. Einige Kleingärtner scheinen ihren Rasen mit der Wasserwaage zu mähen und sind ständig damit beschäftigt, ihre akkuraten Beete zu pflegen, während bei anderen die Pflanzen und Blumen wachsen und wuchern dürfen, wie es ihnen beliebt. Hat man den höchsten Punkt der Anlage erreicht, eröffnet sich ein weiter Blick. Das Vereinshaus steht auf einem Plateau, von dem aus man zu allen Seiten auf die kleinen Hütten und Grundstücke blicken kann. Eiolf hätte es gefallen, all die freundlichen Worte zu hören, die bei der Gedenkfeier über ihn gesagt wurden. Doch vielleicht hätten sie ihn auch überwältigt. Bei sozialen Zusammenkünften stand er nicht gern im Mittelpunkt. Er war ein eher stiller Charakter, auf seine Weise aber stets präsent. Und eigentlich denke ich, lobende Worte verkraftet man immer, egal, was für ein Typ man ist.

Nach der Beerdigung muss ich eine Art Zusammenbruch erlitten haben, es war wie ein Koma. Nachdem alles, was erledigt werden musste, erledigt war. Nachdem die Menschen, die von nah und fern angereist waren, wieder den Heimweg angetreten hatten. Nachdem die Blumen verwelkt waren und das Telefon verstummt. Wenn all das vorbei ist, bleibt man mit seinen tristen und trostlosen Gedanken allein.

Ich begab mich ins innere Exil. Die Trauer wuchs und wuchs und übernahm mein Leben. Ich versank in ihrem Sumpf. Wenn ich morgens erwachte, hatte ich keine Lust, aufzustehen. Die Welt nahm ich nur durch ein schmales Guckloch wahr, verengt von Schmerz und Verlust. Und zugleich gab es keinen Ort, an dem ich mich einfach hätte verstecken können, bis alles vorbei war. Ich konnte schluchzen und schreien, so viel ich wollte, und erhielt doch keine Antwort. Ich legte meinen Kopf auf Eiolfs Kissen. In meiner Umgebung herrschte Totenstille.

Das Ende einer wichtigen Epoche meines Lebens war eine Tatsache. Von Trauer gequält, ganz wie Orpheus, fand ich einfach keine naheliegende Antwort auf die Frage: Was mache ich ohne Eiolf? In Fagerborg, meiner Nachbarschaft, herrschte Totenstille.

Alles in meinem Dasein, das ich für eine feste Größe gehalten hatte, für tragende Balken, verwandelte sich plötzlich in federleichte Seifenblasen, die langsam davonschwebten und aus meinem Blickfeld verschwanden. Und ich war zu einem Tischtennisball der leichtesten Sorte geworden, den der Sturm aufs offene Meer hinausgetragen hatte, wo ich nun zwischen den hohen Wellen hin- und hergeworfen wurde. Die Trauer ist wie eine stürmische, unbändige See, in der man ohne Rettungsanker umhertreibt. Ich wurde von der Gewalt der Kräfte überrumpelt, die an mir zogen und zerrten.

Das Leben geht weiter, heißt es immer. Warum sagen die Leute so etwas, wenn es den Schmerz in keiner Weise lindert? Bevor man überhaupt daran denken kann, wieder nach vorn zu sehen, muss man erst einmal akzeptieren und verarbeiten, dass dieser Albtraum echt und eine vollkommen surreale Wirklichkeit zur Tatsache geworden ist. Wie soll man das Unbegreifliche begreifen?

Ich sehnte mich nach meinem alten Leben. Wo war die Schraube, mit der ich die Zeit zurückdrehen konnte?

Ich weiß, es geht darum, sich ein neues Leben aufzubauen. In vielerlei Hinsicht geht es darum, zu überleben und unter einer anderen Sonne zu leben, aber wie sollte ich das anstellen? Als Zugewanderte, die wegen eines Norwegers in dieses Land gekommen war, wurde für mich noch dazu wieder die Frage aktuell, ob ich weiterhin hier leben wollte.

Von allen Gefühlen ist die wilde Verzweiflung das schlimmste. Verzweiflung und Wahnsinn wechseln sich so schnell ab, dass alles zu einer grauen Masse verschwimmt. Das Tal der Verzweiflung ist trocken und unfruchtbar. Der Weg, der vor mir lag, war erbarmungslos. Erwartet mich auf der anderen Seite ein Ziel? Die Wegweiser sind unklar. Die Sonne brennt, und mein Rucksack ist schwer wie Blei. Die Trauer wiegt so schwer, dass sie sich nicht tragen lässt. Es gibt keine Bäume, keinen Schatten. Nur spitze Steine. Ausnahmsweise beneidete ich die gläubigen Menschen. Könnte es sein, dass sie schneller einen Sinn im Tod erkennen, der sonst nur als vollkommen sinnlos wahrgenommen wird? Könnte es sein, dass der Glaube an ein Leben nach dem Tod dabei hilft, mit dem physischen Tod umzugehen?

Es gibt viele Menschen, die mir kondolieren und ihr Mitgefühl zum Ausdruck bringen. Ich bin von guten Freunden umgeben, aber die Bürde der Trauer können sie mir nicht abnehmen. Obwohl viele Eiolf betrauern, gehört meine Trauer nur mir allein. Es braucht Zeit, bis man sich an die neue Richtung des Lebens gewöhnt hat, wenn man dem Tod begegnet ist. Und es liegt in meiner Verantwortung, die quälende Trauer in einen Schmerz umzuwandeln, den ich ertragen kann. Ich selbst muss mein Leben wieder ins Gleichgewicht bringen.

Es gibt nur eine Lösung. Einen Fuß vor den anderen setzen und losgehen, wie ein wandernder Pilger in einer antiken Landschaft. Und obwohl nicht viel passiert, ist jeder Tag ein bisschen anders. Das Leben steht still, obwohl ich in Bewegung bin. Die Zeit vergeht zugleich langsam und schnell. Sie kann so ausgedehnt sein wie die Wüste Gobi oder so flüchtig wie ein Augenblick. Ich schmelze wie ein Fluss und werde zu einem Teil des Meeres. Ich bin derselbe Mensch und doch verändert, ohne dass ich es in Worte fassen könnte. Wer bin ich jetzt? Das Leben, das war, kann ich nicht weiterleben, ohne zu wissen, wie mein neues Leben aussehen sollte. Um ehrlich zu sein, weiß ich auch nicht, wonach ich suchen soll.

Eiolf war stets zum Scherzen aufgelegt und brachte mich immer zum Lachen. Würde ich je wieder lachen können?

Dank ihm war ich eine bessere Ausgabe meiner selbst. Jetzt musste ich das allein hinkriegen. Und ich war mir nicht sicher, ob ich mich selbst noch genauso mögen würde wie zuvor.

An dieser Stelle begann also mein Leben ohne Eiolf. Ob es mir gefiel oder nicht, der Tod meines Liebsten zwang mich dazu, eine neue Richtung im Leben einzuschlagen.

Geheime Orte

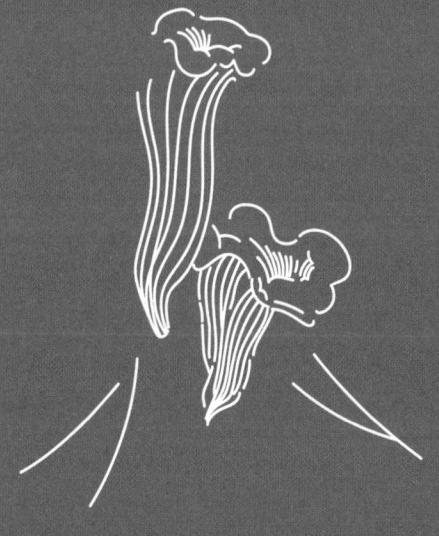

Im Nachhinein erkenne ich, dass die »Trauerarbeit« nach Eiolfs Tod gewisse Ähnlichkeiten mit der traditionellen anthropologischen Feldforschung aufwies. Während einer Feldstudie leben die Anthropologen mit ihren Informanten zusammen, um die andere Welt und Kultur von innen heraus kennenzulernen. Die erste Phase eines solchen Projekts verläuft immer chaotisch, weil man vieles nicht versteht und die scheinbar widersprüchlichen Eindrücke und Erklärungen verwirrend sind. Bevor alle Einzelteile zu einem sinnvollen Ganzen zusammengefügt werden können, muss der Anthropologe seine Arbeitshypothesen über das, was zunächst unbegreiflich scheint, ständig entwickeln, überprüfen und neu formulieren.

Genauso war es auch, als ich versuchte, dem Sinnlosen, das mir widerfahren war, einen Sinn abzutrotzen, jedoch mit einem wichtigen Unterschied: Es ging nicht darum, eine fremde externe Welt zu erfassen, sondern ein allumfassendes internes Chaos. Wer war ich, jetzt, da ich meinen Mann verloren hatte? Wie sollte ich mein Leben mit etwas Neuem füllen? Die Feldarbeit des Herzens ist eine anspruchsvolle Tätigkeit.

Und bei dieser Feldarbeit waren die Pilze, die ich bisher kennengelernt habe, für mich wie kleine Rastplätze. Sie haben mich genährt und mir Ruhepausen verschafft und mich dann weiter zum nächsten Halt auf meiner Reise der inneren Erkenntnis geschickt. Die Freude an meinen Ausflügen in den Wald gab mir die Motivation, mich weiter in die

Materie zu vertiefen. Die Pilze verliehen mir einen frischen Blick, der mir auch dabei half, wieder einen Sinn im Leben zu sehen. Je besser es mir gelang, eine Struktur in das unübersichtliche Reich der Pilze zu bringen, desto leichter konnte ich auch die Gefühle ordnen, die in meinem Inneren durcheinandergeraten waren.

Doch dafür musste ich erst einmal Pilze finden.

Jeder Anfänger kennt dieses frustrierende Gefühl: Um Pilze zu finden, muss man natürlich wissen, wo man sie überhaupt suchen soll. Und wie allgemein bekannt ist, sind die besten Pilzstellen geheim. Sie werden gehütet wie ein wertvoller Schatz. Ein Bekannter hat seine besten Fundstellen beispielsweise auf einem GPS-Gerät gespeichert, das er später einmal seiner Tochter vererben will. Welche Möglichkeiten habe ich, die besten Pilze zu finden, wenn ich niemanden kenne, der seinen Schatz mit mir teilen will?

Auch dahingehend ist der örtliche Pilzsammlerverein ein guter Ausgangspunkt. Das Wissen darüber, wo man nach Pilzen sucht, kann man sich nicht auf dem Sofa anlesen. Erfahrene Sammler haben eine besondere Begabung dafür, Pilze zu erspähen. Auch wenn es mysteriös erscheinen mag, dass die Pilzprofis genau wissen, wohin sie in einem unbekannten Wald gehen müssen, ist das im Grunde nichts anderes als Erfahrung, systematisch angewandt. Ich war schon mit älteren Pilzsuchern unterwegs, die dicke Brillengläser trugen und trotzdem einen viel besseren »Pilzblick« als ich besaßen. Sie finden auch dort Pilze, wo ich schon gewesen bin. Dann lachen sie vergnügt. Man kann noch so jung und fit sein, es hilft wenig, wenn einem der siebte Sinn für Pilze fehlt, ein Gespür für die guten Fundorte. Je mehr Erfahrung man hat, desto ausgeprägter der siebte Sinn für Pilze. Manche glauben sogar, sie können die Pilze im Wald erschnuppern, so wie Hunde oder Schweine Trüffel aufspüren.

Also fing ich an, mit auf die vom Verein organisierten Lehrwanderungen zu gehen. Während der Pilzsaison fand jedes Wochenende eine Wanderung statt, hin und wieder auch an Werktagen. Sie führten mich an Orte, an denen ich noch nie gewesen war, obwohl ich schon seit vielen Jahren in Oslo lebte. In der Regel konnte man den Treffpunkt leicht mit öffentlichen Verkehrsmitteln erreichen, und noch dazu war das Angebot kostenlos. Ein sympathisches Geschenk des Vereins an die Stadtbevölkerung. Außerdem haben diese offiziellen Wanderungen den Vorteil, dass man sich die Pilzkontrolle erspart, bei der man hier in Norwegen seine Ausbeute untersuchen lassen kann – allerdings mit dem Risiko, dass man seine ganze Pilzsammlung wegwerfen muss, weil sich einen kleines, aber tödliches Exemplar unter die essbaren Trouvaillen gemischt hat. Bei den Ausflügen mit dem Verein wurden die gefundenen Pilze sofort untersucht und kategorisiert. Und nach und nach begann ich, meine eigene mentale Karte über die aktuellen Fundstellen in Oslo zu zeichnen. Zwar war keiner dieser Orte geheim, aber es waren Gebiete, von denen ich wusste, dass man dort mit Sicherheit auf Pilze stieß. Irgendwo muss man schließlich anfangen.

Mit einer solchen Übersicht im Kopf auf die Suche zu gehen ist etwas ganz anderes, als aufs Geratewohl loszuziehen. Ich schätze mich glücklich, weil ich schon früh in meiner »Pilzkarriere« von den Meistern des Fachs lernen durfte. Als ich zu Besuch in den USA war, wurde ich zu einer privaten Pilzwanderung in New York eingeladen – von niemand Geringerem als Gary Lincoff, dem ehemaligen Leiter des nordamerikanischen Vereins für Mykologie und Autor des Standardwerks über Pilze in den USA, *The National Audubon Society Field Guide to North American Mushrooms.*

Auf Pilzsuche im Central Park

Gary Lincoff ist ein kleiner Mann mit ausgeprägtem Humor und ebensolchem Wissen. Oft trägt er einen großen Hut und ein T-Shirt von einem Pilztreffen an irgendeinem fernen Ort. Pilzesammeln ist offenbar ein Hobby, das man auf der ganzen Welt betreiben kann. Wir begrüßten uns, und ohne viele Worte zu verlieren, fing er an, resolut und schnell loszustapfen, von einem Baum zum nächsten. Ich musste mich beeilen, um meinen Guide in einem der besten Pilz-Jagdgebiete von New York nicht zu verlieren.

Für einen Außenstehenden mochte Lincoffs Suche planlos wirken, aber das Gegenteil war der Fall. Er hatte feste »Loipen« auf den fast 350 Hektar des Central Parks. Plötzlich blieb er stehen und inspizierte einen Flecken Rasen, der auf den ersten Blick überhaupt nichts Interessantes an sich hatte. Das Gras stand hoch, anscheinend war der Parkgärtner schon lange nicht mehr mit dem Rasenmäher dort gewesen. Voilà, und schon hatte er gefunden, wonach er suchte: den ringlosen Hallimasch, *Armillarilla tabescens,* den es in Norwegen nicht gibt. Lincoff wohnt direkt neben dem Central Park, und in der Pilzsaison dreht er jeden Morgen eine kleine Erkundungsrunde, ehe er zur Arbeit fährt. Dann registriert er, wie weit das Wachstum einzelner Exemplare schon fortgeschritten ist und ob es sich lohnt, nach ein, zwei oder drei Tagen wiederzukommen. Manche Pilze sprießen schon früh in der Saison, andere erst spät. Lincoff passt seine zielstrebigen Spaziergänge daran an. Auf diese Weise überwacht er täglich seine geheimen Fundstellen im Central Park. Wenn er für das Abendessen noch ein paar Pilze braucht, muss er einfach nur die Straße überqueren und ein bis zwei Delikatessen ernten. Wir streiften durch den Park, während Lincoff erklärte, welche Pilze unter welchen Bäumen zu finden waren und zu welchem Zeitpunkt in der Saison.

Außerdem fanden wir mehrere interessante Nutzpflanzen, unter anderem das, was Lincoff als »Pfeffer des armen Mannes« bezeichnete: die Virginische Kresse, *Lepidium virginicum,* ein Gewächs mit geradem Stil und weißen Blüten, die aussahen wie eine Flaschenbürste. Die Pflanze ist komplett essbar: Ihre Samen kann man wie Pfeffer verwenden, die Blätter, über einen Salat gestreut, sorgen für eine leicht pfeffrige Note.

Als wir um eine Ecke bogen, liefen wir einem älteren Parkwächter in die Arme. Er räusperte sich, um unsere Aufmerksamkeit zu erlangen.

»Haben Sie Pilze gesammelt?«, fragte er.

Auf der anderen Seite des großen Teichs gibt es leider kein Jedermannsrecht wie in Norwegen, wo man überall Beeren und Pilze sammeln und Blumen pflücken darf, solange sie wild wachsen. Wir waren auf frischer Tat ertappt worden.

»Was ist das denn für eine Sorte?«, fuhr er fort, nachdem er auf Lincoffs Korb gedeutet hatte. Seine Stimme klang freundlich.

»Ich bin dazu verpflichtet, Sie darauf hinzuweisen, dass es nicht erlaubt ist, im Central Park Pflanzen oder Pilze zu sammeln. So, jetzt habe ich meinen Job erledigt und Sie in Kenntnis gesetzt!«, erklärte er lächelnd und schlenderte davon. Ein Musterbeispiel an gesundem Menschenverstand.

Anthropologen gehen davon aus, dass die Stämme der Jäger und Sammler nicht mehr als siebzehn Stunden pro

Woche arbeiten mussten, um genug Nahrung zum Überleben zu haben. Heute ist das Jagen und Sammeln für die meisten von uns ein Hobby, das unser Bedürfnis nach frischer Luft und/oder sozialem Umgang befriedigt und nicht in erster Linie der Nahrungsbeschaffung dient. Das bedeutet allerdings nicht, dass wir die Jagd weniger ernst nehmen. Das Pilzinteresse kann uralte Instinkte wecken, die man gar nicht in sich vermuten würde. Es kann ein Anlass für uns sein, mit unserem inneren »Jäger/Sammler« in Verbindung zu treten.

Die New York Mycological Society führt seit 2006 ein Registrierungsprojekt im Central Park durch. Bisher hat man 400 verschiedene Pilzsorten gefunden, darunter fünf Pfifferlingsarten. Nur zum Vergleich: Im gesamten Park gibt es ungefähr 500 registrierte Pflanzenarten.

Im Central Park fand ich auch den Pilz, den die Chinesen wegen seiner heilenden Eigenschaften besonders schätzen, den Glänzenden Lackporling, *Ganoderma lucidum*. Im alten China glaubte man, dieser Pilz könnte die Menschen unsterblich machen. Heute wird er dort in Apotheken verkauft und zur Behandlung von Krebs, Herzproblemen und vielen anderen Leiden eingesetzt. Und wenn die Patienten im weiter südlich gelegenen Chinatown wüssten, dass sie bloß die U-Bahn zum Central Park nehmen müssten, bräuchten sie nicht die hohen Preise zu zahlen, die von den chinesischen Apotheken verlangt werden. Vorsichtig packe ich die Porlinge ein. Sie wären ein schönes Geschenk für meine alte Mutter in Malaysia. Es muss nämlich gar kein Widerspruch sein, die westliche und östliche Medizin gleichzeitig in Anspruch zu nehmen. Alle Mittel zu nutzen, wenn man sie braucht, ist eher eine kluge Rückversicherung. Ich stellte mir vor, wie sie die Lackporlinge aus dem Central Park in New York ihren Freundinnen servierte, wenn sie das nächste Mal bei ihr zu Gast waren.

Die Pilzwanderung mit Gary Lincoff im Central Park ist ein gutes Beispiel dafür, wie ein solcher Spaziergang aussehen kann, wenn man tatsächlich eine Schatzkarte des Gebiets besitzt.

Ich ging im Central Park auf Pilzwanderung mit einem Mann, der in der amerikanischen Mykologie Kultstatus genoss. Eine neue Welt eröffnete sich mir, aber ich konnte mich nicht mitreißen lassen. Noch nicht. In Wahrheit empfand ich nichts. Auch wenn das anatomisch unmöglich war, fühlte es sich an, als hätte ich mir das Herz ausgerenkt. Eiolfs plötzlicher Tod war eine physische, mentale und emotionale Belastung. Jede Körperzelle in mir war in Alarmbereitschaft versetzt worden und lebte vom Adrenalin. Können Gefühle von Trauer gehemmt werden? Vielleicht löst sie eine Art Betäubung im ganzen Körper aus, eine Anästhesie der Natur, damit man überlebt? Vielleicht fühlte ich mich deswegen vollkommen taub? Es war, als hätte ich mein gesamtes Gefühlsregister verloren. Mir war das Vokabular abhandengekommen, um zu

beschreiben, wie es mir ging, Buchstaben, an denen ich fest-
halten konnte. Wenn man sich im Auge des Sturms seiner
Trauer befindet, fehlen einem die Worte.

Eine Wand war eingestürzt. Jetzt war ich allein und
schutzlos, war Wind und Wetter ausgesetzt. Die Trauer
saugte alle Lebenskraft aus mir heraus. Obwohl ich von für-
sorglichen Verwandten und Freunden umgeben war, schien
meine Einsamkeit allumfassend. Als würde ich von innen
austrocknen. Übrig blieb nur eine blassere, dümmere und
aschfahle Version meiner selbst. Ich sah so schlecht, dass
ich überlegte, ob ich eine neue Brille brauchte, und ich
hörte auch nicht alles, was gesagt wurde. Mein Geruchssinn verschwand fast völlig, und alles, was ich aß, schmeckte
wie Pappe. Es war, als wären alle meine Sinne außer Gefecht
gesetzt worden. Früher war ich immer eingeschlafen, kaum
dass ich die Augen zugemacht hatte, jetzt zählte ich nachts
die Stunden, in denen ich wach lag. Dann konkurrierten die
Gedanken und Bilder in meinem Kopf miteinander. Meine
Konzentration war auf ein niedriges Niveau gedimmt, und
ich vermisste mein altes Ich. Die Zeitungen und Zeitschriften, die wir abonniert hatten, stapelten sich ungelesen.
Mehrmals stand ich vor meiner Haustür, ohne den richtigen Schlüssel zu finden. Ich verbrachte viel Zeit damit, die
Arbeit vor mir herzuschieben. Einfache praktische Aufga-
ben erschienen mir plötzlich unüberwindbar. Ich verstand
nicht, wo meine Zeit abblieb, sie zerrann mir zwischen den
Fingern. Ob es sich so anfühlte, ein zu großer Zeit-Optimist

zu sein und nie rechtzeitig fertig zu werden? Plötzlich hatte ich Mitleid mit den Chaoten, die immer zu spät kamen. Ich vergaß Verabredungen, die ich in meinen Kalender einge-tragen hatte. Ich aß kaum etwas. Die Gesellschaft anderer machte mich schnell müde. Ich bekam Bücher über Trauer geschenkt, aber die Worte tanzten nur vor meinen Augen, einzeln, nicht mal als ganze Sätze. Ich, die immer so gern gelesen hatte, erinnerte mich an nichts von dem, was ich zu lesen versuchte. Ich, die immer Musik geliebt hatte, konnte unsere Lieblingsplatten nicht mehr hören. Schon wenn ich die erste vertraute Strophe hörte, schnürte sich mir die Kehle zu. Die Trauer erfordert Muskeln, für die kein Fitness-studio der Welt die passenden Geräte hat.

Einmal nahm ich allen Mut zusammen und ging auf ein großes Fest, das ein Freund von mir gab, musste jedoch gehen, bevor der Tanz anfing. Das Ganze wurde mir einfach zu viel. Mein Freund war ein leidenschaftlicher Tangotän-zer und wollte allen Gästen eine kleine praktische Einfüh-rung geben. Mein altes Ich wäre begeistert dabei gewe-sen, aber jetzt war ich einfach nur zutiefst erschöpft. Nach dem Schock über die Todesnachricht fiel ich in ein tiefes Loch, und die Apathie senkte sich über mich wie eine viel zu große und schwere Decke, aus der ich mich nicht mehr frei-strampeln konnte. Diskussionsrunden im Fernsehen über Politik und Gesellschaftsfragen wirkten auf mich nur noch trivial und von jedem Sinn befreit. Nichts interessierte oder empörte mich. Es gab kein aktuelles Ereignis, über das ich unbedingt einen Zeitungskommentar schreiben musste. Mir reichte es schon, nur die Überschriften in den Zeitungen zu lesen. Und das Kulturangebot ging ebenfalls an mir vorüber. Mein Leben erschien mir verwässert. Eine diffuse innere Unruhe nagte an mir, ohne dass ich wusste, wie ich sie benennen oder besänftigen konnte.

Ich kam mir vor, als würde ich einen Mantel tragen, der mich unsichtbar machte. Die Welt ging ohne mich weiter.

»Wo hast du den Pilz gefunden?«

Geschichten über die märchenhafte Entdeckung unberechenbarer Pilze an geheimen Orten sind ein Leitmotiv unter Kennern. Die Fundstellen werden als sicher und gut oder als unzuverlässig und sogar trügerisch eingestuft, aber die Adressen sind und bleiben geheim. Begibt man sich auf die Jagd, kann es mitunter schwer sein, die Pilze zu erkennen, auch wenn sie direkt vor unserer Nase stehen, weil sie von Blättern, Gras, Zweigen und Tannennadeln getarnt sein können. Gerade deshalb ist es hilfreich, genaue Koordinaten zu haben, die angeben, wo man das Gelände besonders gründlich in Augenschein nehmen sollte. Sonst sucht man nach der sprichwörtlichen Nadel im Heuhaufen.

Geheime Pilzfundorte sind häufig ganz exakt bestimmte

Punkte, mitunter bis hin zu individuellen Bäumen. Will man beispielsweise Pfifferlinge finden, darf man nicht unter einem beliebigen Laub- oder Nadelbaum suchen, sondern nur unter jenen, von denen man bereits weiß, dass sie mit einem Pfifferlingsmyzel zusammenleben. Wenn Regen, Temperatur, mikroklimatische Bedingungen und andere wichtige Bedingungen auf eine bestimmte Weise zusammentreffen, kann dort der heißbegehrte Pilz wachsen. Pilzsammler wägen deshalb genau ab, bevor sie sich auf einen Ausflug begeben. Es darf nicht zu viel geregnet haben. Oder zu wenig. Es darf nicht zu warm sein. Oder zu kalt. Außerdem muss berücksichtigt werden, wie viel Zeit vergangen ist, seit die festen Orte zum letzten Mal kontrolliert wurden. Die Variablen werden genau geprüft. Die Vorhersage, wann die Pilze kommen, gleicht einer astrologischen Übung. Wenn die relativen Positionen der Sterne und Planeten im Verhältnis zu anderen Himmelskörpern zu hundert Prozent harmonieren, können die wundersamsten Dinge geschehen. Doch es kann auch viel dazwischenkommen, bevor man endlich einen Treffer hat: den Pilz, nach dem man suchte. Selbst an den geheimen Fundstellen gibt es keinerlei Garantie dafür, dass das Objekt der Begierde gerade dann anzutreffen ist, wenn man kommt.

Was das angeht, gleichen Pilzfreunde den Ökonomen. Beide haben immer einen guten Grund oder auch eine Ausrede dafür, dass ein erwartetes Ergebnis ausbleibt. Dasselbe gilt für die Erklärungen eines sogenannten guten oder schlechten Pilzjahres. Stets gibt es unzählige Theorien darüber, warum die Kombination aus einem frühen oder späten Sommer bzw. Regen für eine reiche oder magere Ausbeute gesorgt hat.

Ob es ein gutes oder schlechtes Pilzjahr war, lässt sich einerseits halbwegs objektiv beurteilen, ist andererseits aber auch eine Frage der Einstellung. Ist der Pilzkorb halb voll oder halb leer? Wer gerne jammert, wird immer mit derselben Leier kommen, wie wenig Pilze diesmal zu finden waren.

Nichtsdestotrotz gilt: Je mehr geheime Orte man hat, desto größer sind die Chancen, beim nächsten Mal wieder erfolgreich zu sein.

Mitunter kommt es durch Abholzung oder eifrigen Bulldozereinsatz auch zur traurigen Zerstörung dieser wertvollen Plätze. Zu Beginn jeder Pilzsaison kursieren Bilder von amputierten Bäumen oder in der Landschaft verstreuten Stämmen in den sozialen Medien. Ein weiteres hervorragendes Jagdgebiet ist verloren gegangen. Es hat eine therapeutische Wirkung, die Enttäuschung mit Gleichgesinnten zu teilen, die diesen Verlust verstehen. Man kann das einhellige Seufzen der Pilzsuchergemeinschaft förmlich hören.

Alle, die schon einmal mit einem Pilzkenner unterwegs gewesen sind, haben erlebt, wie er sich hinunterbeugt und neugierig und voller Konzentration einen Pilz erntet, ihn vorsichtig ins Licht hält und studiert. Der Fund wird behutsam hin- und hergedreht und mit der Unterseite zur Nase

geführt, die schon auf die wichtige Aufgabe der Geruchs-
bestimmung wartet. Dann zieht der Kenner eine Grimasse,
um seine Nasenlöcher zu weiten, und die Nasenflügel zittern beinahe, während er den Geruch einsaugt. Wenn man
mit Gleichgesinnten unterwegs ist und jemand ein ungewöhnliches Exemplar findet, wird es herumgereicht, um
von jedem eingehend untersucht zu werden. Das kann viel
Zeit in Anspruch nehmen. Man diskutiert hin und her, bis
derjenige, den man als Nestor ansieht, am Ende die ent-
scheidenden Worte spricht. Kann der Pilz nicht an Ort
und Stelle bestimmt werden, nehmen diejenigen, die der
Sache weiter nachgehen wollen, den Pilz mit nach Hause,
um ihn mit dem Mikroskop und anderen Hilfsmitteln zu
identifizieren. Was für Pilzliebhaber ein ganz normaler Tag
im Wald ist, kann für Außenstehende wie ein mysteriöses
Sektenritual wirken.

Wenn einem jemand stolz von einem sagenhaften Fund
erzählt, ist es nicht ungewöhnlich, dass man sich nach dem
Ort erkundigt. Hierbei erlebt man ganz unterschiedliche
Reaktionen. Die meisten Pilzsammler haben gelernt, wie
man höflich antwortet, ohne auch nur den Hauch einer
relevanten geografischen Information preiszugeben. Mir ist
es aber auch schon passiert, dass die Leute so abweisend
reagieren, als hätte ich sie nach dem Pincode ihrer Bank-
karte gefragt. Einmal habe ich jemanden, den ich für einen
Freund hielt, gefragt, wo seine Pilze herstammten. Natürlich rechnete ich nicht mit exakten Koordinaten, nährte

aber die winzige Hoffnung, eine ungefähre Ortsangabe zu erhalten. Er antwortete mir mit einem unbrauchbaren und völlig wertlosen »Oslo« und wurde auf meine schwarze Liste gesetzt.

Als ich hingegen ein anderes Mal mit einem großmütigen Pilzfreund unterwegs war, zeigte er mir sogar seine Steinpilzstelle. Der Steinpilz, *Boletus edulis,* ist sehr begehrt. Manche meinen sogar, er wäre der König im Reich der Speisepilze. Der Ort, den mein Freund mir zeigte, war ein beliebtes Ziel für Sonntagsspaziergänge. Mein Freund erzählte mir, wie er einmal vor ein vertracktes Dilemma gestellt wurde. Vor einigen Jahren fand er dort einige schöne kleine Exemplare, die er stehen ließ, damit sie noch ein wenig wachsen konnten. Er bedeckte sie mit trockenen Blättern, sodass sie vom Weg aus nicht sichtbar waren. Mit dieser Strategie, sehr kleine Pilze unter einer natürlichen Decke zu verstecken, ist er nicht allein. Alle eifrigen Sammler haben schon einmal Pilze stehen gelassen in der Hoffnung, sie später mitnehmen zu können, wenn sie gewachsen sind. Die Herausforderung besteht darin, rechtzeitig zurückzukommen, bevor sie von jemand anderem entdeckt werden. Ein oder zwei Tage später kehrte mein Freund voller Erwartung zu seiner Steinpilzstelle zurück. Ihm sank das Herz in die Hose, als er schon aus der Ferne einen Obdachlosen sah, der mitten auf seinen Pilzen lag. Man sollte meinen, dass die Situation für einen enthusiastischen Pilzjäger nicht schlimmer hätte werden können, aber es kam noch dicker: Der Mann war nämlich mausetot. Und lag *auf* den Steinpilzen. Was unternimmt man in einem solchen Fall? Glücklicherweise zögerte mein Freund nicht lange und tat das – selbst aus Pilzsammlerperspektive – einzig Richtige. Er rief die Polizei.

Bei jener gemeinsamen Wanderung fanden mein Freund und ich keine Steinpilze, aber ich muss jedes Mal an den armen Obdachlosen denken, wenn wir wieder dort sind, um nach welchen zu suchen.

Grundsätzlich kann man aber davon ausgehen, dass alle Sammler ihre Pilzstellen für sich behalten. Deshalb erwartet auch niemand, dass man ihm die GPS-Koordinaten mitteilt. Der Fragesteller wird sofort einen Rückzieher machen, wenn er bei seinem Gegenüber auch nur das kleinste Zögern wahrnimmt. In diesem Punkt sind die Pilzleute sehr sensibel. Sie greifen nicht zu brutalen Verhörmethoden. Es ist normal und völlig akzeptabel, ein wenig vage und ausweichend zu antworten, etwa einen Wald zu nennen, »Solemskogen«, oder auch nur eine Gebiet wie »Østmarka«, ohne mehr zu verraten. Gewöhnlich kommt es zu einem höflichen *pas de deux,* wenn die Frage nach dem Fundort aufgeworfen wird. Man lässt ein paar allgemeine Bemerkungen über den Regen und die Temperatur fallen und tut so, als wäre es ein Geben und Nehmen, ohne dass irgendeine nennenswerte Information den Besitzer wechselt. Auf diese Weise gibt man eine Antwort – und dem Fragesteller das Gefühl, trotzdem etwas Nützliches erfahren zu haben. Ein Pilzkenner ist oft auch ein Meister des Ausweichmanövers.

Einmal berichtete mir eine Pilzfreundin ein wenig geheimniskrämerisch, sie hätte an einer bestimmten Stelle nach Maipilzen gesucht, *Calocybe gambosa*. Es war ein Ort, den wir beide kannten.

»Hast du unter den Lärchen gesucht?«, fragte ich, weil ich wusste, dass Maipilze dort vorkommen konnten.

»Nein, woanders«, sagte sie ohne jede weitere Erklärung. Ich verstand, dass sie nicht mehr verraten wollte und ich nicht weiter nachbohren durfte.

Als Pilznovize erliegt man leicht dem Irrglauben, man habe Glück gehabt, wenn man von einem Fortgeschrittenen eingeladen wird, ihn zu begleiten. Doch die Gefahr der Enttäuschung ist allgegenwärtig. Die Einladung, auf eine Pilzwanderung mitzukommen, bedeutet nicht, dass man auch die geheimen Fundstellen gezeigt bekommt.

»Wo sollen wir hin?«, fragte mich die Pilzfreundin, als wir in dem besagten Park in Oslo eingetroffen waren.

Es ist tatsächlich möglich, mitten in der Stadt gute Speisepilze zu finden, ohne steile Böschungen zu erklimmen, unter umgestürzten Bäumen durchzukriechen oder Stromschnellen und Schlammlöcher zu überwinden. In diesem Park wachsen zum Beispiel köstliche wilde Champignons. Er ist groß und in verschiedene, geografisch voneinander getrennte Bereiche unterteilt. Ich wusste, dass meine Freundin in genau diesem Park oft Interessantes entdeckte, und war daher voller Erwartung. Doch sie hatte offensichtlich nicht vor, mir ihre besten Stellen zu zeigen. Jedenfalls nicht an diesem Tag. Wäre es so gewesen, hätte sie die Führung übernommen. Wir latschten auf der einen Seite des Parks an einem Zaun entlang und entdeckten nichts. Ein wenig enttäuscht drehten wir auf der anderen Seite eine Runde. Auch dort nichts. Ich zeigte ihr, wo ich normalerweise die Maipilze fand, das erste Pilzabenteuer im Frühjahr. Daraufhin zeigte meine Freundin mir, wo sie normalerweise Nelken-Schwindlinge aufspürte, *Marasmius oreades,* einen ziemlich wohlschmeckenden kleinen Pilz. Mit anderen Worten: Wir tauschten »nutzlose Informationen« über Pilze aus, die gerade keine Saison hatten, verpackten es aber so, als wären es Geheimtipps, die man nur einer guten Freundin verrät. In der Stadt waren wir meistens ohne Körbe unterwegs, aber nie ohne eine diskrete Minimalausstattung – eine Papiertüte und ein kleines Messer im Rucksack. Diesmal kamen sie nicht zur Anwendung, und jede von uns ging mit leeren Händen nach Hause. Es ist eine besondere Kunst, mit Pilzfreundinnen unterwegs zu sein, um Pilze zu finden, ohne seine besten Orte zu verraten.

Wenn man niemanden kennt, der seine Schatzkarte mit einem teilen will, kann man versuchen, die öffentlich zur Verfügung stehenden Informationen zu nutzen, wie beispielsweise Datenbanken. In Norwegen gibt es etwa *artsobservasjoner.no*, eine umfangreiche Datenbank zur norwegischen Flora und Fauna, die ständig aktualisiert wird und auf der man nach Fundstellen von Pilzen suchen kann. In anderen Ländern können Websites wie *observation.org* oder *inaturalisti.org* nützlich sein. Auch die sozialen Medien sind kein schlechter Ausgangspunkt. Auf Internetseiten und Blogs von anderen Pilzinteressierten habe ich viele Tipps gefunden, hauptsächlich Meldungen über große und ungewöhnliche Funde. Zum Saisonauftakt gilt es, die erste Spitzmorchel des Jahres zu finden, ein großer Moment, der jeden Pilzfreund zum Strahlen bringt. Die Nachricht, in Sarpsborg seien im Juni Pfifferlinge gefunden worden, könnte darauf hindeuten, dass sie ein oder zwei Wochen später in Oslo sprießen. Wenn die Pilzgötter es wollen. Am Ende des Jahres konkurriert man stattdessen darum, wer den allerletzten Trompetenpfifferling, *Craterellus tubaeformis,* findet, was häufig erst um die Weihnachtszeit der Fall ist. Auf diese Weise dienen die sozialen Medien auch als Barometer dafür, wann die Saison in verschiedenen Teilen des Landes einsetzt und endet. Die dortigen Meldungen können einem außerdem neue Ausflugsideen liefern, damit man nicht immer wie im Schlaf zu den altbekannten Stellen trottet. Folgt man dann noch Pilzleuten im Ausland, kann man die Saison virtuell verlängern und seiner Leidenschaft das ganze Jahr über frönen.

Manche Pilzsammler protestieren auch gegen die verbreitete Geheimniskrämerei und teilen ihre Fundorte aus Prinzip im Netz. Hat man einen solchen Wegweiser gefunden, muss man nicht mit einer halb fertigen Schatzkarte auf die Jagd gehen. Und wenn man anfängt, die Tipps systematisch zu verzeichnen, kann man Stück für Stück eine eigene

Kartothek über interessante Fundorte aufbauen. Allerdings muss gesagt werden, dass man derart offenherzige Zeitgenossen an einer Hand abzählen kann. Unter ihnen war mir vor allem R mit ihren fast täglich verkündeten Fundstellen und ihren schönen Naturfotografien aufgefallen. Später habe ich sie auch im echten Leben kennengelernt. Sie wollte mir eine ihrer ganz besonderen Stellen hier in Oslo zeigen, die nur wenigen Menschen bekannt ist, weil sie auf einer privaten Insel liegt. Die gemeinsame Passion für Pilze hatte dazu geführt, dass mir jemand, den ich nur aus den sozialen Medien kannte, einen geheimen Ort zeigte. Das war eine neue Erfahrung für mich.

Natürlich hilft es, solche guten Stellen zu kennen, aber man kann sein Gespür auch weiter ausbilden, indem man etwas über die Baumpartner der Pilze lernt. Viele von ihnen leben nämlich in einer symbiotischen Gemeinschaft mit bestimmten Baumarten, einer so genannten *Mykorrhiza*. Nur deshalb absolvierte ich, was das Wissen über die heimischen norwegischen Baumarten anging, plötzlich eine steile Lernkurve. Im Grunde haben alle Grünpflanzen einen Nahrungskreislauf, bei dem Pilze über achtzig Prozent des Stickstoffbedarfs bereitstellen. Es ist daher keine Übertreibung zu behaupten, dass dieses Zusammenspiel die Grundlage für alles Leben auf der Erde darstellt.

Wer Pfifferlinge finden will, sollte besser in Nadelwäldern suchen als auf Wiesen und Weiden. Auf Letztere sollte man hingegen setzen, wenn man nach unterschiedlichen

Champignonarten sucht. Die Steinpilze, von denen so viele träumen, wachsen in Wäldern mit Fichten, Kiefern, Birken oder Eichen. Darüber hinaus ist es nützlich, etwas über das Alter des Waldes, den Boden und die Topologie zu wissen. Manche Pilze mögen einander so sehr, dass man dort, wo man den einen entdeckt, auch gute Chancen auf den anderen hat. Zum Beispiel bilden der Rosenrote Schmierling, *Gomphidius roseus,* und der Kuh-Röhrling, *Suillus bovinus,* ein festes Gespann.

In Pilzkreisen gilt das ungeschriebene Gesetz, niemals zum geheimen Fundort einer anderen Person zurückzukehren, wenn man das Glück hatte, einen solchen gezeigt zu bekommen. Es kann für großen Unmut sorgen, wenn jemand, dem man zu vertrauen glaubte, auf eigene Faust dorthin geht, ohne ausdrücklich um Erlaubnis zu fragen. Die Überzeugung, einen Besitzanspruch auf die geheimen Fundorte zu haben, ist in der Szene stark ausgeprägt. Deshalb kann es auch heftige Gefühle hervorrufen, wenn man entdeckt, dass fremde Schurken am »eigenen Ort« gewildert haben. Wie alle anderen Sammler im Wald glaubt man an ein »Eigentumsrecht«. Ganz selbstverständlich wird das besitzergreifende Fürwort verwendet: »mein Moltebeerenmoor«, »mein Pfifferlingsplatz« usw. Diese Einstellung ist ja auch unproblematisch – solange man nicht auf andere stößt, die sich genauso dazu berechtigt fühlen, am *selben Ort* zu sammeln. Um die brenzlige Situation zu entspannen, kann man zu einer stillen Übereinkunft mit dem

Rivalen gelangen und eine unsichtbare Grenze ziehen. Bleibt eine solch stumme Einigung aus, kann das Duell im Wald problematisch werden. Bisher habe ich noch von keinem gewaltsamen Ausgang gehört, aber solche Situationen führen in der Regel zu viel Seufzen, Stöhnen und Irritation. Und nicht zuletzt: einer großen Traurigkeit darüber, dass der geheime Ort nicht länger geheim ist.

Mit der Zeit veränderte sich mein Kalender – langsam, aber sicher. Wenn ich die Gelegenheit hatte, in die Pilze zu gehen, erblühte mein neues Leben Schritt für Schritt. Mein neues Hobby war ein Anlass, die eigenen vier Wände zu verlassen und wieder am Leben teilzunehmen, anstatt zu Hause in meiner Trauer zu versinken. Allmählich fiel es mir auch leichter, andere Menschen aus der Szene kennenzulernen, die mich integrierten, wenn sie ihre Touren machten, und ich entdeckte ganz neue Orte in der Stadt. Die Ausflüge in die moosbewachsenen Wälder führten auch zu einem erweiterten Sammlerglück in Bezug auf andere Nutzpflanzen: Allermannsharnisch, Straußenfarn, Große Fetthenne, Fichtenspitzen, Weidenröschen und Waldsauerklee. Was ich früher lediglich als Grünzeug oder gar Unkraut betrachtet hatte, verwandelte sich zu neuen kulinarischen Erlebnissen in einer neuen sozialen Gemeinschaft. Mit jedem weiteren Pilz, den ich lernte, jedem weiteren Fundort, den ich eroberte, und jedem weiteren Pilzfreund, den ich bekam, wurde ich mehr in die Szene integriert. Und ohne dass ich es wusste, waren all das auch winzige Mäuseschritte, die mich schließlich zum Ende des dunklen Tunnels der Trauer führen sollten.

Es verwundert nicht, dass die Menschen immer von der Leere sprechen, die ein Verstorbener hinterlässt. Wenn jemand, mit dem man in einer nahen Beziehung stand und den man ständig um sich hatte, nicht mehr da ist, müssen viele Stunden gefüllt werden. Für mich wurden die Ausflüge ins Reich der Pilze zu einer Möglichkeit, diese ungewohnte zusätzliche Zeit auszufüllen. Nachdem ich mich allmählich in einigen Wäldern besser auskannte, wagte ich mich auch allein hinaus, nur von meinem Korb und meinem neu erworbenen Wissen begleitet. Meine Lieblingsorte zu besuchen war für mich so, als würde ich zu etwas Vertrautem zurückkehren. Ich wusste genau, was mein Ziel war, anstatt wie am Anfang beliebig umherzustreifen. Als hätte ich in jedem Wald eine Checkliste mit bestimmten Orten, die ich mir besonders genau ansehen wollte. Die Ausflüge in den Wald beruhigten mich. Ein Naturmensch – ich? Wurde ich gleichzeitig auch ein Stückchen norwegischer? Das kann ich nicht mit Sicherheit sagen, aber es war auf jeden Fall neu und befreiend.

Der Traum

Ich träumte davon, zum inneren Kreis der Pilzszene zu gehören, zu jenen Pilzsachverständigen, die während der Saison
bei den Kontrollen halfen. Ich war beeindruckt von ihrem
Wissen und ihrer »Berufung«, die dazu führte, dass sie ihre
Freizeit dafür opferten, der Stadtbevölkerung beim Pilzsammeln zu helfen und deren Beute zu sichten. Zum ersten Mal
seit Eiolfs Tod hatte ich ein Ziel und eine Richtung.

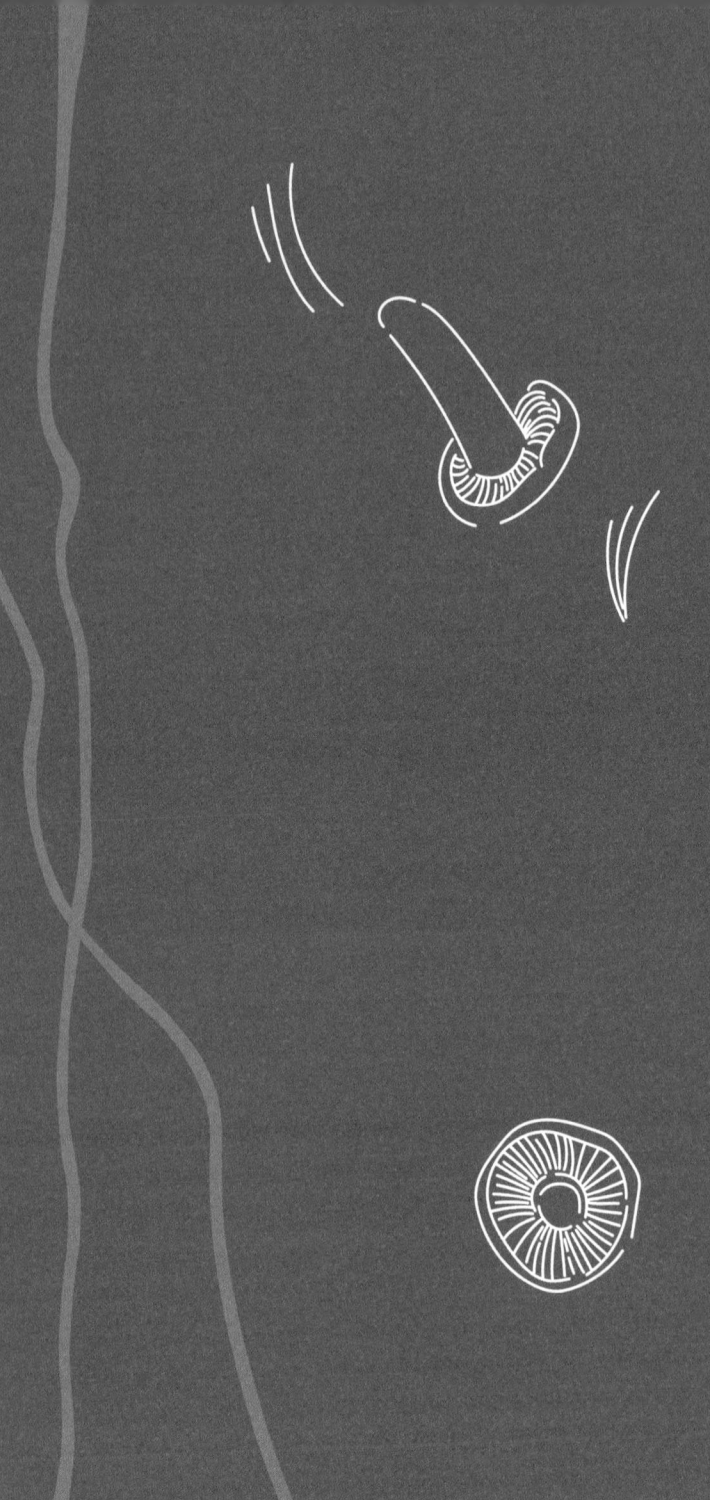

Der innere Kreis

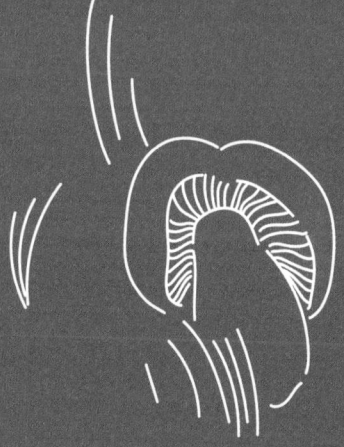

Anfangs war ich so von der scheinbaren Klassenlosigkeit im Verein geblendet, dass ich die unsichtbare Hierarchie erst viel später bemerkte. In einem Verein, in dem Wissen eine große Bedeutung beigemessen wird, entwickelt sich eine Hierarchie unter den Mitgliedern – abhängig vom Niveau der jeweiligen Expertise. Ausschlaggebend ist die Pilzkompetenz. Auch wenn es keine exakte Wissenschaft ist, wissen offenbar alle, wer der richtige Ansprechpartner ist, wenn ein unbekannter Fund identifiziert werden muss. Wem man das meiste Wissen und die höchste Kompetenz zutraut, darf das Pilzrätsel lösen.

Von außen betrachtet wirkt die Szene fast wie ein religiöser Kult, in dessen Zentrum das Pilzwissen steht: je größer die Expertise, desto höher das soziale Prestige. Aufgrund von neuen Forschungsmöglichkeiten ist dieses Wissen ständig im Fluss. Was man am einen Tag für gültig hält, ist am nächsten schon überholt. Das verstärkt den Respekt vor der Kompetenz der anderen nur umso mehr. An der Spitze der Pyramide thronen Mykologen, die ihre Fachkenntnis sogar mit einem Universitätsabschluss belegen können. Als Neuling erkannte ich die Trennlinie zwischen den Mykologen und der darunterliegenden Gruppe – den Pilzsachverständigen – jedoch nicht. Viele Sachverständige besitzen einen reichen Schatz an Wissen und Erfahrung. Sie selbst wiederum werden nach Dienstalter eingestuft. Hierbei zählt nicht das biologische Alter, sondern wann man die Prüfung abgelegt hat – kombiniert damit, wie aktiv man als Pilzkontrolleur ist. Aus diesen Autoritäten setzt sich der innere Kreis zusammen, dessen Mitglieder die meisten Ämter im Verein bekleiden.

Eine ganz eigene Klasse bilden jene, nach denen schon Pilzarten benannt wurden. Man kann sie an einer Hand abzählen. Bemerkenswert ist, dass zu dieser exklusiven Gemeinschaft nicht nur Mykologen gehören. Manche Pilze können auch den Namen von (Ex-)Ehepartnern tragen.

Die hauptsächliche Zielgruppe für die Aufklärungsarbeit des Vereins sind die Sonntagssammler – Menschen, die sich fürs Pilzsammeln interessieren, aber keine grundlegende Kompetenz besitzen. Einige von ihnen werden vom Virus angesteckt und melden sich zu den Kursen und geführten Wanderungen an. Andere haben eine Einstellung, die dieses Hobby schnell zu einem Risikosport machen kann. Sie glauben, sie wüssten schon genug, und nehmen das Angebot der Pilzkontrolle nicht an. Sie sollten ihre Haltung vielleicht noch einmal überdenken. Die Statistik des Norwegischen Verbands für Pilz- und Nutzpflanzen zeigt, dass im Jahr 2016 in zehn Prozent aller kontrollierten Körbe giftige Pilze gefunden wurden, darunter 86 tödlich giftige Exemplare.

Der einfachste Weg, um herauszufinden, welcher informellen Untergruppe ein Pilzsammler angehört, ist die Frage, was er in seinem Korb hat. Dann tritt die Wahrheit zutage.

Eine Möglichkeit, durchs Hintertürchen »Pilz-Credibility« zu erlangen, besteht darin, einen seltenen Pilz zu finden. Viele hartgesottene Pilzkenner benehmen sich nämlich genau wie andere Nerds, Bergsteiger etwa, die ihre Berge nachdem Schwierigkeitsgrad der Besteigung ordnen, oder Ornithologen, denen jene Vögel am wichtigsten sind, die man am seltensten sieht. Solche Sammler finden am liebsten Pilze, die noch nie zuvor gefunden wurden, die selten sind und damit extrem schwierig zu entdecken oder sogar auf der Roten Liste der aussterbenden Arten stehen. Wer die erste Spitzmorchel oder den ersten Steinpilz der Saison findet, erntet damit auch eine gewisse Anerkennung, die allerdings nur vorübergehend ist. Pures Sammlerglück gilt in einem Wissenskult nicht viel. Und der erste oder größte Pfifferling des Jahres sorgt allenfalls in den sozialen Medien für Aufsehen.

Die Helden des Vereins sind jene, die ihre Freizeit damit verbringen, ihre Funde akribisch in die nationale Datenbank einzutragen. Ein solches Register ermöglicht einen Überblick über die Verbreitung der Arten, in welcher Umgebung sie sich wohlfühlen und wie sich diese im Laufe der Zeit verändert hat. Dieses Wissen ist für die Pflege der Natur eines Landes extrem wichtig. Als Ursache vermutet man eine Kombination aus Umweltverschmutzung, Kahlschlag und globaler Erwärmung. Aus diesem Grund ist die Registrierung eine so wichtige Arbeit. Der norwegische Verband kürt jedes Jahr den Pilzsammler, der die meisten Funde eingestellt hat. Hin und wieder kann man in den Zeitungen davon lesen, wie ein seltener Pilz beim Ausbau einer Autobahn oder sonstigen Baumaßnahmen für Probleme sorgt. Dann sind gerne genau solche Einträge daran »schuld«.

Fliegenpilz, *Amanita muscaria*

Pilzfreundschaft

Geheime Orte spielen eine wichtige Rolle bei der Pilzfreundschaft. Fundstellen sind ein besonderes Geschenk,
das sich nur die besten Freunde machen. Sie erinnern mich
an die japanischen Karten, die wir als Kinder in Malaysia

gesammelt haben. Einige meiner Klassenkameraden besaßen immer gleich mehrere der schönsten Karten, auf die es alle anderen abgesehen hatten. In den Freistunden veranstalteten wir eine Tauschbörse, bei der die Karten nach zähen Verhandlungen den Besitzer wechselten. Eine schöne Karte zu verschenken oder geschenkt zu bekommen war ein Garant für ewige Freundschaft. Im selben Maße sind geheime Orte eine harte Währung mit einem stabilen Kurs, um die sozialen Beziehungen in der Pilzszene zu pflegen, und natürlich ist es ein großer Vertrauensbeweis, wenn einem jemand eine solche Fundstelle zeigt.

Deshalb freute ich mich über das Angebot einer neuen Pilzbekanntschaft, mir eine Stelle mit Starkriechenden Trompetenpfifferlingen, *Craterellus lutescens,* zu zeigen, die als Delikatesse gelten. Es war das erste Mal, dass mir jemand seinen geheimen Ort zeigte, und ich war sehr gerührt. Teilt man ein Geheimnis, knüpft man das Freundschaftsband enger. Aus Bekannten werden mit einem Mal gute Pilzfreunde. Marcel Mauss beschreibt diesen Vorgang in seinem kleinen Buch *Die Gabe,* einem Klassiker der Gesellschaftswissenschaften. Er untersucht darin, wie der Austausch von Geschenken zwischen Gruppen ihre Beziehung zueinander beeinflusst. Personen mit guten Beziehungen machen einander Geschenke, und die Geschenke sorgen wiederum für gute Beziehungen, weil sie den Geber und den Empfänger in einer Art Henne-und-Ei-Logik aneinander binden. Mauss zufolge ist es wichtig, einander etwas zu schenken, es anzunehmen und nicht zuletzt: etwas zurückzugeben. Gerade die Gegenleistung festigt das Verhältnis. Alle, die jedes Jahr an Weihnachten etwas schenken und geschenkt bekommen, können dieses Prinzip wohl gut nachvollziehen.

Ich erinnere mich noch genau daran, wie mir einer meiner neuen Freunde anbot, mir seine Maipilz-Stelle zu zeigen. In dem Jahr, als ich zum ersten Mal welche fand, waren es drei, und weil wir zu dritt unterwegs waren, bekam jeder ein Exemplar. Maipilze sind die Fanfaren, die zur Eröffnung der Pilzsaison erschallen. Wenn der Schnee geschmolzen ist und die Tage länger und heller werden, ist es schön, den Staub von seinem Korb zu fegen und zu einer Zeit, in der es nur wenige andere Pilze gibt, auf eine Tour zu gehen. Deshalb veranstaltet unser Verein jedes Jahr Maipilz-Wanderungen, die meistens nach Hovedøya oder in den Kongewald auf Bygdøy führen. Es lässt sich nicht mit Sicherheit bestimmen, wann genau der Pilz kommt, eine Erfahrung, die auch die Veranstalter der Führungen ein ums andere Jahr machen müssen. Die Veteranen im Verein sagen, dass man den Pilz in früheren Tagen in Oslo nicht vor Ende Mai gefunden hat, häufig sogar erst Mitte Juni. Möglicherweise führen die Klimaveränderungen dazu, dass die Saison früher einsetzt. Deshalb ist es nicht ausgeschlossen, dass man den Maipilz in Oslo in Zukunft schon am 23. April finden kann, am Georgstag. In England heißt er *St. George's Mushroom* und ist auch in Deutschland als Georgsritterling bekannt, weil er schon an diesem Tag vorkommen kann.

Maipilze sind kräftig und fleischig, mit cremefarbenem Hut und Stiel und ebensolchen Lamellen. Einige Sammler sind der Meinung, sie würden nach nassem Mehl riechen, während andere behaupten, sie würden nach Waffelteig duften – was veranschaulicht, dass Gerüche nicht leicht in Worte zu fassen sind. Maipilze wachsen am gesamten Oslofjord, haben jedoch giftige Doppelgänger, weshalb sie nicht für Anfänger geeignet sind. Interessant ist, dass sie Saprobionten sind, sogenannte Mineralisierer, das heißt, sie wachsen auf Substratschichten von Zapfen, Zweigen und Ästen, die tief im Boden liegen. Man findet sie auf Wiesen und Weiden, aber auch in Laubwäldern und Straßengräben, und es ist nicht ungewöhnlich, dass sie in Hexenringen oder großen Kolonien stehen. Außerdem kehren sie gern jedes Jahr wieder, sodass der Saisonstart so gut wie in trockenen Tüchern ist, wenn man schon eine Maipilz-Stelle kennt. Deshalb war ich so froh über das Angebot meines Freundes, mir die seine zu zeigen.

Praktisches Wissen ist der Schlüssel zur Prüfung für Pilzsachverständige, aber als Neuling im Verein kannte ich niemanden, den ich auf seinen Gängen begleiten konnte. Ich wusste, dass ich so oft wie möglich mit erfahrenen Kennern unterwegs sein musste, um den Test eines Tages bestehen zu können.

Deshalb arrangierte ich ein Pilzessen bei mir zu Hause, zu dem alle Gäste ein Pilzgericht mitbringen sollten. Ich stellte die Einladung auf die Facebookseite des Vereins, wo-

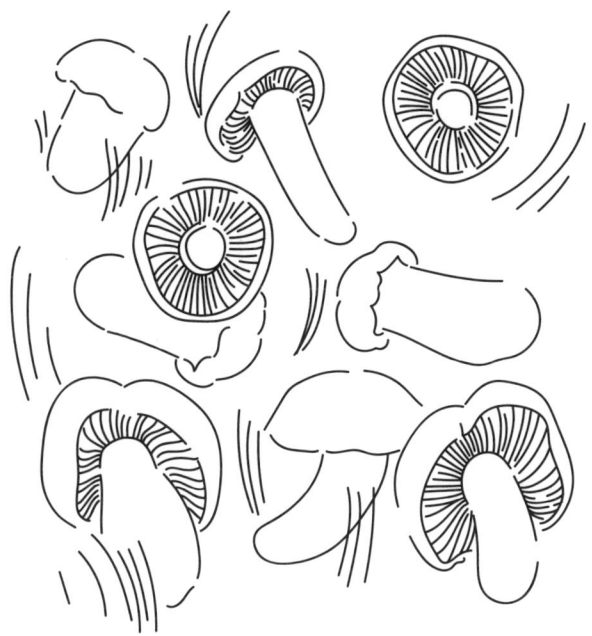

Maipilze, *Calocybe gambosa*

raufhin einige Abenteuerlustige zusagten. Eine kurze Vor-
stellungsrunde verriet, dass wir eine recht bunte Truppe
waren. Gutes Essen war reichlich vorhanden: Geräuchertes Rentierherz mit Kaviar von weißen Trüffeln, Pilztarte,
Pilzbrot, Pilzpastete mit Sherry und Miso, Steinpilzravioli
in Steinpilzsauce, Rentiergeschnetzeltes in einer Trompeten-
pfifferlingssauce, mit Chèvre gefüllte Riesenchampignons,
Grüner Salat mit Pfifferlingsvinaigrette, Blauschimmelkäse
mit Pfifferlingsmarmelade und zu guter Letzt: Mandeltorte
mit einer Pilzhaube.

Wenn sich an einem kalten Wintertag im Februar Pilzenthusiasten treffen und vor dem Fenster unaufhörlich die feuchte Schneeflocken fallen, kreisen die Gespräche natürlich um die gemeinsame Leidenschaft. Die Versammelten sind rastlos, sprechen über Pilze, die sie gesammelt haben, und Pilze, die sie noch finden wollen. Die Sehnsucht nach einem baldigen Saisonbeginn ist groß. Es ist ein Verlangen, das tief im Körper sitzt und an die Oberfläche drängt, wenn seit dem letzten Waldspaziergang schon viel zu viel Zeit vergangen ist. Man hört es an den Stimmen und daran, wie sie reden. Es ist eine Entbehrung, ein Drang nach Pilzen, den echte Pilzfreunde nie wieder loswerden. Sie freuen sich auf die glückliche Zeit, die, wie sie wissen, bald kommen wird. Für den, der es ganz ernst meint, beginnt die Saison schon Mitte Mai. Für die Senioren im Verein sind die Pilze ein Hobby, in dem automatisch eine Gesundheitsversicherung enthalten ist. Die Sehnsucht nach Pilzen lockt selbst die Zerbrechlichsten in den Wald und spornt sie zu einem schnelleren Schritt an, wenn sie aus der Ferne etwas Interessantes erspähen, und ihre Körper bleiben gelenkig, wenn sie sich nach ihren Funden bücken. Pilze sind Nahrung für Körper und Geist. Und alle in dieser Runde verlängern die Saison gern mit Stirnlampe, Winterkleidung und Unternehmungsgeist und suchen unter dem Schnee nach Trompetenpfifferlingen. Ich selbst habe schon einen Tag vor Heiligabend Pfifferlinge gesammelt.

Viele, die heute zu meinen besten Pilzfreunden gehören,

waren damals bei dem Essen dabei, zu dem ich im Winter vor meiner Prüfung eingeladen hatte.

Einmal nahm einer meiner neuen Pilzfreunde sowohl mich als auch einen anderen Novizen mit in einen Park, wo wir einige Champignons fanden. Ich war überglücklich und fühlte mich bereichert. Schon lange hatte ich mir gewünscht, die Familie der Champignons besser kennenzulernen. Wir fanden noch weitere Arten, essbare und nicht essbare. Obwohl wir keinen Riesenchampignon fanden, war ich sehr zufrieden. Im Jahr darauf kehrten mein Pilzfreund und ich in denselben Park zurück. Da zeigte er mir eine *andere* Stelle, wo er *immer* Riesenchampignons fand. Weil es noch etwas zu früh in der Saison war und der Boden ein wenig trocken, bat er mich, ihm dabei zu helfen, die Stelle zu gießen, an der die Riesenchampignons für gewöhnlich wuchsen. Er zeigte mir, wo die Gießkanne hing und wie ich hin- und hergehen sollte, um für eine ausreichende Bewässerung zu sorgen. Offenbar tat er das nicht zum ersten Mal. Nach diesem kleinen Erlebnis lernte ich, dass die Enthüllung geheimer Fundorte mitunter schrittweise vollzogen wird. Wenn einem eine solche Stelle gezeigt wurde, heißt das noch lange nicht, dass man auch das Filetstück zu Gesicht bekommen hat. Bleiben wir weiterhin Freunde, wird er womöglich sogar einen noch besseren Tipp mit mir teilen.

Nach und nach wurde mir klar, dass dies nicht die einzigen Pilze waren, die mein Freund goss. Es ist eine Sache, zu wissen, wo man die Leckerbissen findet, eine ganz andere, wie man die Ernte beschleunigt. Vor sehr langer Zeit wollte der besagte Freund einmal einer jungen Frau Maipilze zeigen, die sie noch nie zuvor gefunden hatte. Deshalb jubelte er innerlich, als er einige kleine Exemplare im Wald entdeckte – aber würden sie bis zu dem Wochenende, an dem die Dame ihren Besuch angekündigt hatte, auch groß genug sein? Er bewies Tatkraft. Auf die Meteorologen und das Wetter war kein Verlass, also fuhr er mit gefüllten Wassereimern im Auto in den Wald. Dort goss er die Maipilze, damit sie bis zum Besuch der Angebeteten groß und schön waren. Vielleicht sollte erwähnt werden, dass die Geschichte von den bewässerten Pilzen mit einer Hochzeit endete.

Nachdem ich mich eine Weile unter Pilzkennern bewegt hatte, verstand ich, dass die Klügsten unter ihnen ihre Informationen über die gefundene Pilzart, den Ort und die Zeit akribisch im Kopf archivieren. Manche können so genaue Angaben machen wie *Diesen Pilz habe ich 1986 zwischen Koordinate X und Y gefunden.* Häufig wird eine solche Aussage auch mit großer Überzeugung getroffen, und das, obwohl wir aus der Forschung längst wissen, wie unzuverlässig und leicht zu beeinflussen unser Gedächtnis ist, weshalb es uns oft einen Streich spielt. Jäger und Fischer, die die Größe ihrer Beute beziehungsweise ihres Fangs in ihren Schilderungen gern übertreiben, werden häufig belächelt. Wer weiß, ob die Pilzsammler nicht unter demselben Übertreibungssyndrom leiden? Sind die Erinnerungen über unsere besten Pilzfunde womöglich auch trügerisch? Aber es ist eine Sache, wie groß und makellos der Steinpilz war, den man einmal fand – etwas ganz anderes sind die präzisen Erinnerungen an Details wie das Jahr des Fundes, den Ort und so weiter. Wie kommt es, dass sich einige Veteranen ihrer Sache so sicher sind?

Eines Tages stieß ich auf eine mögliche Antwort. Als mir bewusst wurde, dass ich mich vermutlich gerade einer Pilzart näherte, nach der ich schon eine Weile gesucht hatte, ohne sie je zu finden, bekam ich eine Gänsehaut. Ich wusste, was ich entdeckt hatte, und zwar sofort. Ich hatte eine höhere Ebene im mykologischen Wissenskult erreicht. Es war ein geradezu feierlicher Moment. Das erste Mal, dass ich Riesenchampignons, *Agaricus augustus,* fand. Ich war allein und geriet beinahe in Panik. Wie konnte ich mir diese Entdeckung so schnell wie möglich bestätigen lassen? Es waren so viele Riesenchampignons, kleine und große, dass mir fast der Atem stockte. Mein Glück kam mir höchst unverdient vor, als hätte ich die Puddingcreme des Teilchens bekommen, ohne den Teigrand essen zu müssen. Ich hatte noch nie zuvor einen leibhaftigen Riesenchampignon gesehen, doch weil dieser Pilz ziemlich speziell ist, hatte ich nicht den geringsten Zweifel.

Ein Riesenchampignon kann, wie der Name schon sagt, ziemlich groß werden, mit einem Durchmesser von bis zu 25 Zentimetern, und auch relativ viel wiegen. Mein größtes Fundstück brachte 300 Gramm auf die Waage. Der Riesenchampignon hat einen braun geschuppten Hut und einen weißen Stiel, der fest und zugleich seidenglatt ist, wenn man ihn durchschneidet. Es war ein seltsamer Gedanke, dass er nur unweit meines langjährigen Arbeitswegs wuchs. Der Pilz war so nah gewesen und doch so fern, in all den Jahren, in denen ich nichts von seiner Existenz geahnt hatte.

Riesenchampignons werden nur selten von Würmern befallen, und ihr auffälligstes Merkmal ist meiner Meinung nach der Geruch. Sie duften herrlich nach Bittermandel, wie ein Amaretto. Ich erinnere mich noch ganz genau an das berauschende Glücksgefühl, als ich meinen ersten Riesenchampignon fand oder besser gesagt mehr oder weniger zufällig darüber stolperte. Die Überraschung und die Freude triggern die Erinnerung, und die Einzelheiten verfestigen sich im Gedächtnis: welche Bäume in der Nähe stehen, wie abschüssig der Boden ist, wie das Sonnenlicht in den Wald fällt usw.

Wissenschaftler beschreiben solche »Blitzlichterinnerungen« (*Flashbulb memories)* als besonders detailreich. Fast so, als hätte man eine hochauflösende, scharfe Momentaufnahme gemacht. Oft sind es erstaunliche Begebenheiten oder Nachrichten, die eine solche Erinnerung wieder auslösen. Die Frage »Wo warst du, als John F. Kennedy ermordet wurde?« kann bei manchen reiche Erinnerungen wecken. Einige Forscher sind der Meinung, diese Blitzlichterinnerungen seien unverfälscht, weil sie sich auf – überwiegend emotionale – Elemente stützen, die uns etwas bedeuten. Ob dieser Mechanismus dafür sorgt, dass manche Pilzsammler ihre spektakulärsten Funde wie in 3D abrufen können? Unabhängig davon könnte es aber gut sein, dass die Entdeckung meines ersten eigenen geheimen Ortes für einen Spitzenpilz dazu beigetragen hat, mein Schicksal als Pilzjunkie zu besiegeln.

Deshalb war es besonders tragisch für mich, diesen Ort sofort wieder zu verlieren. Ich hatte meine Riesenchampignon-Stelle nur zwei Menschen gezeigt. Der eine war ein treuer Pilzfreund, der viele seiner gut gehüteten Fundorte mit mir teilte. Es war schön, endlich etwas zurückgeben zu können in dieser ungleichen Pilzfreundschaft, in der das Teilen geheimer Stellen bisher ausschließlich zu meinen Gunsten ausgefallen war. Der andere war mein naher Freund J, der sich nicht für Pilze interessierte, aber als Fahrer zur Verfügung stand, als ich Hilfe mit meinen Champignons brauchte. Ich fand so viele, dass ich sie nicht in den öffentlichen Verkehrsmitteln transportieren konnte. Leider gab er das Wissen über meine Fundstelle ganz ohne feierliche Zeremonie an die nächstbeste Person weiter, mit der er kurz darauf zufällig ins Gespräch kam. Als ich das erfuhr, traute ich meinen Ohren nicht. Die Schreckensnachricht trieb mir fast die Tränen in die Augen. Ich verstand nicht, wie jemand etwas so Niederträchtiges tun konnte. Möglicherweise verstand J. den Ernst der Lage nicht. Für ihn war die Fundstelle wertlos, für mich war sie Gold wert. Es war trotz allem der einzige geheime Ort gewesen, der mir ganz allein gehört hatte.

Riesenchampignon, *Agaricus augustus*

Während ich angesichts seines »Verrats« tobte, beobachtete ich mich selbst und registrierte, wie schnell ich mich in ein typisches Mitglied der Pilzgemeinschaft verwandelt hatte. Natürlich wusste ich schon von der Geheimniskrämerei in der Szene, hatte jedoch nie viel darüber nachgedacht. Das war allerdings, bevor ich selbst auf einen geheimen Fundort stieß. Es ist wie bei dem Experiment mit dem Frosch, der nicht merkt, wie das Wasser immer heißer wird, ehe es zu spät ist. War ich dabei, eine ähnliche Besessenheit zu entwickeln wie meine Mitstreiter? War ich zu einem unerträglichen Nerd geworden? Dem Pilzwahn verfallen, Schritt für Schritt, ohne es selbst zu bemerken?

Der Pilzwahn wird als Erstes von den nächsten Angehörigen bemerkt. Diese Leidtragenden können einen sogar vor die unmenschliche Wahl stellen: ich oder die Pilze. Sie sind der Meinung, die neue Leidenschaft würde viel zu viel Zeit, Geld und Platz in Anspruch nehmen. Es gibt aber auch Angehörige, die dem Hobby mit Wohlwollen begegnen und Unterstützung leisten. Das Interesse wird nicht allein toleriert, sondern auch respektiert. Sie werden zu Unterstützern einer sportlichen Disziplin, leisten Fahrdienste, helfen beim Putzen und beim Verspeisen der Pilze, gehen mit ihren Partnern auf mykologische Reisen ins Ausland und nehmen am Rahmenprogramm für Begleitpersonen teil. Sie tragen sogar gern die Kappen, Anstecker und T-Shirts von internationalen Treffen, mit denen sich Pilznerds so gerne schmücken. Und einige legen am Ende ihrerseits die Prüfung ab und werden selbst zu Pilzsachverständigen.

Die meisten Orte, die sich in meinem mentalen Archiv befinden, habe ich von einem Vereinssenioren, der unglaublich viele Stellen in Oslo und Umgebung kennt. Der Betreffende hat kein Problem damit, ein paar zusätzliche Kilometer zurückzulegen, um das Pilzvorkommen an einem bestimmten Ort zu überprüfen. Und wenn man schon einmal dort ist, kann man die Gelegenheit auch gleich beim Schopf packen und an einem anderen Platz in unmittelbarer Nähe nachsehen. Auf diese Weise kann ein »kleiner« Ausflug in die Pilze schnell zu einer Tagesbeschäftigung werden. Mein Bekannter hat immer mehrere Körbe und Sammelausrüstung im Auto parat.

Nach vielen gemeinsamen Ausflügen haben wir eine Arbeitsteilung entwickelt. Er fährt langsam, ich halte Ausschau. Wenn ich etwas Interessantes entdecke, bitte ich ihn zu bremsen. Man könnte das *drive-by mushrooming* nennen. Anschließend obliegt mir die Aufgabe, auszusteigen und nachzusehen, ob sich der Stopp tatsächlich gelohnt hat. Außerdem übernehme ich es, die »mykologisch weniger interessanten« Pilze zu sammeln. Meistens sind das gewöhnliche Speisepilze wie Pfifferlinge oder Ähnliches. Mein Freund ist im Laufe der Jahre etwas steif im Rücken geworden. Deshalb betrachtet er jeden Pilz eingehend von oben, um genau abzuwägen, ob er die Mühe wert ist, sich hinunterzubeugen, um ihn erst zu fotografieren und dann mitzunehmen. Am liebsten mag er es umgekehrt – wenn der Pilz zu ihm kommt. Ich weiß immer sofort, wenn wir etwas Interessantes gefunden haben, denn dann schmunzelt er vergnügt.

Mein Pilzfreund hat einen ganz besonderen Ort, von dem er mir schon oft erzählt hat und der ihm von einem inzwischen verstorbenen Pilzgefährten gezeigt worden war. Eines Tages sagte er, er wolle mir etwas zeigen. Ich dachte nicht groß darüber nach, doch als wir am Ziel ankamen, sagte mein Freund: »Diese Stelle darfst du nicht jedem verraten.« Das hatte er noch nie getan. In dem Moment verstand ich, dass ich dort war, an diesem sagenumwobenen Ort, und fühlte mich geehrt und glücklich.

Der Initiationsritus der Pilzleute: Die Prüfung zum Pilzsachverständigen

In Norwegen werden seit 1952 Pilzsachverständige ausgebildet. Man empfiehlt, die Prüfung ein Jahr, nachdem man den Kurs besucht hat, abzulegen, damit das Wissen wirklich »sitzt« und nicht nur durch diszipliniertes Lernen erworben wurde. Wer die Prüfung besteht, darf zusammen mit einem erfahreneren Sachverständigen bei der Pilzkontrolle helfen. Dieses System ist weltweit einzigartig, was die Ausbildung wie auch die Pilzkontrolle angeht. Als ich davon hörte, stieg mein Respekt für die Sachverständigen, die Verantwortung für das Leben und die Gesundheit der Bevölkerung übernehmen, noch mehr.

Hierzulande hat sich die Kontrolle so bewährt und etabliert, dass sogar die öffentlichen Behörden darauf verweisen. Auch die deutsche Gesellschaft für Mykologie bietet Kurse und eine Prüfung zum Pilzsachverständigen an, bei dem sich Laien Rat suchen und ihre Funde kontrollieren lassen können. In einigen europäischen Nachbarländern herrscht dagegen eher *laissez-faire*. In Frankreich konnte man früher in eine Apotheke gehen, um seine Pilze kontrollieren zu lassen, weil das Wissen über die Pilze Teil der Pharmakologie war. Leider ist das heute nicht mehr der Fall. Wenn die Franzosen heute mit ihren Funden in die Apotheke kommen, rät man ihnen, alle Pilze wegzuwerfen. Auf einem Pilztreffen der Mittelmeerländer waren die Franzosen, mit denen ich sprach, sehr an der norwegischen Methode interessiert. Um unser System und die Ausbildung zum Pilzsachverständigen beneiden uns viele.

Ich erinnere mich noch genau an den Moment, als ich den Prüfungsraum betrat. An der Wand war ein langes Büfett mit Papptellern aufgebaut, auf denen die Pensumpilze auf mich warteten. Diese sollte ich in einer vom Prüfer festgelegten Reihenfolge bestimmen. Üblicherweise geht es um praktisches Wissen. In der Regel liegt auf jedem Teller eine Pilzart, manchmal werden aber auch zwei ähnliche Arten gemischt: zum Beispiel echte und falsche Pfifferlinge oder Grüngelbes Gallertkäppchen und Trompetenpfifferlinge. Das Prüfungskomitee betont, dass es nicht darum geht, Fallen zu stellen, sondern darum, wie der Examenskandidat in einer realistischen Situation reagiert, die auch bei einer Pilzkontrolle entstehen kann.

Ich saß an der Stirnseite eines langen Tischs mitten im Raum. Am anderen Ende saß der Verbandsvorsitzende als Beobachter, an der Längsseite mit versteinerter Miene der Beisitzer, der kein Wort sagte. Nur der Prüfer bewegte sich flink zwischen dem Büfett und mir hin und her und reichte mir einen Testpilz nach dem anderen. Alle waren zutiefst konzentriert, und die Prozedur sollte so schnell wie möglich abgeschlossen werden, für Small Talk blieb keine Zeit. Obwohl ich alle drei kannte, machte ihre Körpersprache deutlich, wie formell diese Situation war, beinahe steif.

In meinen Augen ging alles schnell vorüber. Ich erkannte sofort alle Pilze, die mir »serviert« wurden, nahm mir aber trotzdem die Zeit, sie gründlich zu untersuchen, zu drehen und zu wenden und an ihnen zu riechen, wie ich es gelernt hatte. Nachdem mich das Komitee kurz auf den Gang hinausgeschickt hatte, wurde ich wieder hereingerufen und bekam das Ergebnis. Ich hatte bestanden. Jetzt war ich Pilzsachverständige! Alle lächelten, und nach einem förmlichen Händedruck erhielt ich mein Diplom. Möglicherweise verbeugte ich mich sogar, als ich die Urkunde entgegennahm, so gerührt war ich, diesen Initiationsritus vollzogen zu haben, von dem ich seit meinem Anfängerkurs immer wieder gehört hatte. Damals erschien es mir wie ein unerreichbarer Traum, die wichtigsten 150 Pilzarten zu kennen; nun gehörte ich zum inneren Kreis.

Ich glaube, Eiolf wäre stolz auf mich gewesen.

Jetzt konnte auch ich, mit meinem Diplom um den Hals, Pilze für andere kontrollieren, die sich ihrer Funde nicht ganz so sicher waren. Und rettete dabei womöglich sogar Leben! Und ich durfte an der Auftaktsitzung des Vereins teilnehmen, die zu Beginn der Pilzsaison stattfand, und an der Abschlusssitzung, dem Resümee, wo sich der innere Kreis traf. Auf der Auftaktsitzung wurden auch die Kandidaten verkündet, die erfolgreich durch das Nadelöhr der Prüfung geschlüpft waren. Meistens werden auf diesen Treffen Vorträge gehalten, die nur wahre Pilznerds zu schätzen wissen. Sie lauschen gebannt, wenn ein Experte lang und breit berichtet, wie er sich seit 30 Jahren auf die Suche nach winzigen Hutpilzen begibt, die oft nicht einmal einen Millimeter groß sind. Und wenn wir Namen wie Korallenroter Helmling, Schneestieliger Helmling oder Voreilender Helmling hören, erhält der Vortrag eine märchenhafte, ja poetische Dimension.

Einer Pilzfreundin gefiel es nicht, dass ich meine Prüfung so schnell ablegen wollte. Sie meinte, dieser Schritt setze auch eine gewisse Reife voraus. Vielleicht glauben deshalb die meisten potenziellen Kandidaten, man müsse nach dem Sachverständigenkurs ein Jahr warten, ehe man zur Prüfung zugelassen würde. So ging es mir auch. Erst später wurde mir klar, dass man sich jederzeit zu diesem Examen anmelden konnte. Nicht einmal der 40-stündige Kurs ist Voraussetzung. Womöglich wird das Gerücht kolportiert, weil viele wie meine Freundin der Meinung sind, es setze eine gewisse Reife voraus, Pilzsachverständiger zu werden. Selbst als ich ihr mitteilte, dass ich die Prüfung bestanden hatte, wich sie nicht von ihrem Standpunkt ab. Sie sagte mir sogar trotzdem, ich hätte besser noch warten sollen.

Die unbarmherzige Trauerarbeit

Beim Einwohnermeldeamt und anderen Behörden galt ich jetzt nicht mehr als ledig oder verheiratet, sondern fiel in eine eigene Kategorie: verwitwet. Wir Angehörigen dieser Gruppe sind in der Öffentlichkeit nicht besonders sichtbar und müssen Wege finden, um uns zusammenzuschließen. Deshalb ging ich pflichtbewusst zur Trauerselbsthilfegruppe der Wohltätigkeitsorganisation Fransiskushjelpen, die mir jemand wärmstens ans Herz gelegt hatte. Ich betrachtete all die sogenannten »jüngeren Hinterbliebenen« in meiner Gruppe. Die meisten waren Frauen, die ihre Partner ungefähr zur selben Zeit verloren hatten wie ich. Einige waren frisch verheiratet gewesen, andere hatten lange zusammengelebt. Manche hatten kleine Kinder, um die sie sich kümmern mussten. Die Treffen der Selbsthilfegruppe waren der einzige Moment, in dem sie sich der eigenen Trauer widmen konnten. Manche hatten verständnisvolle Arbeitgeber, andere nicht. Einige mussten zusätzlich auch noch Konflikte mit anderen Familienmitgliedern bewältigen.

Mein erster Tag in der Witwenschule. Es war keine fröhliche Klasse. Ich war mir unsicher, ob das wirklich etwas für mich war. Doch solange ich nicht über Eiolf sprechen konnte, ohne zu weinen, glaubte ich, dass ich weiterhin Unterstützung von außen brauchte. Der kleinste Vorfall oder Gedanke konnte eine Flut von Tränen auslösen, wie ich sie vorher nie erlebt hatte. Und weil die Fransiskushjelpen viel Erfahrung im Bereich der Trauerarbeit hatte, beschloss ich, mich darauf einzulassen, ohne viele Fragen zu stellen.

Ein Vorteil der Gruppe war, dass ich dort ich selbst sein konnte. Ich brauchte mich nicht zu verstellen. Ein weiterer Effekt dieser Treffen war, dass meine eigene Trauer von den anderen gespiegelt wurde. Es war eine offene Gruppe, das heißt, ab und zu kamen neue Teilnehmerinnen hinzu. Und es war immer schmerzlich, die anderen, die gerade ihren Nächsten verloren hatten, von ihrem Verlust erzählen zu hören. Ich erinnere mich besonders an eine Frau, die nicht in der Lage war zu sprechen und nur auf den Boden starrte. Obwohl sie sich kaum äußern konnte, fühlten alle mit ihr. Ich wurde schnell in die Zeit der heftigen Gefühle versetzt, denen ich ausgeliefert gewesen war, als Eiolf starb. Und gleichzeitig verstand ich nach und nach, wie »weit« ich in diesem zähen Prozess schon vorangekommen war. Ich warf einen Blick zurück auf den Weg, den ich zurückgelegt hatte, konnte aber auch nach vorn sehen. Vielleicht ist es das, was vielen an einer solchen Gruppe am meisten hilft.

Der Verlust eines anderen Menschen ist wie eine harte und eiskalte Betonwand. Man wird dagegen geschleudert, und es schmerzt am ganzen Körper. Und viele sind in dieser Zeit tatsächlich oft krank. Es ist wissenschaftlich belegt, dass das Immunsystem in Trauerphasen geschwächt ist. Wir alle kannten das Gedankenkarussell, das den Kopf nie zur Ruhe kommen ließ. Einige hatten es mit Meditation versucht. Andere gönnten sich Wellness oder gingen auf Reisen. Alle waren verzweifelt und verwendeten viel Energie und Ressourcen darauf, den Schmerz zu lindern. Doch am Ende muss man einsehen, dass es keine Zauberformel gibt, um ein neues Leben heraufzubeschwören.

Kann man beschließen, nicht zu trauern? Kann man sich einfach entscheiden, glücklich und sorgenfrei zu sein?

Nur in einem bin ich mir heute sicher. Die sogenannten Trauerphasen sind kein lineares Stufenmodell, sondern komplex und voller beweglicher Variablen. Es gibt keinen vorgezeichneten Pfeil, der von einem sorgenschweren Dasein weg und hin zu einem sorglosen führt. Der Verlauf ist eher verschlungen als geradlinig, und ein sogenannter Fortschritt findet dann statt, wenn es der Trauer passt, nicht dem Trauernden. Deutlich war nur, dass alle gleich schlecht vorbereitet gewesen waren. Der Tod hatte uns alle mit einer unerwarteten Kraft getroffen, unabhängig davon, ob er absehbar gewesen war oder nicht.

»Ruf einfach an, wenn wir dir irgendwie helfen können«, sagten viele zu mir.

Das Problem war, dass ich nicht wusste, was ich brauchte. Natürlich gibt es keine goldene Regel, wie man einen Trauernden unterstützen kann, aber für mich veränderte sich die Landkarte meiner Freunde und Bekannten nach Eiolfs Tod. Einige, von denen ich erwartet hatte, sie würden wie ein Fels an meiner Seite stehen, ließen sich plötzlich nicht mehr blicken, während andere, eher entferntere Freunde, einen unermüdlichen und kreativen Einsatz leisteten. Sie gaben niemals auf und begleiteten mich im Tempo meiner Trauer. Und selbst, wenn sie nur für einen Augenblick da waren, spendeten sie mir eine fürsorgliche Wärme. U, ein treuer und einfallsreicher Freund, bestand hartnäckig darauf, mich nach der Arbeit zu besuchen, und brachte alle Zutaten für ein warmes Abendessen mit. Ich saß am Küchentisch und sah zu, wie er für mich kochte. Trauernde müssen auch essen.

»Wie geht es dir?«, fragten viele.

Vier kleine Worte – die vorsichtige Einleitung zu einem Gespräch über nichts oder über das, was mich am meisten beschäftigte. Später habe ich verstanden, dass ich, wie so viele andere, in erster Linie eine Anerkennung meines Verlusts brauchte. Deshalb wirkte jede Vermeidung des Themas wie das genaue Gegenteil dessen, was zu diesem Zeitpunkt mein wichtigstes Bedürfnis war. Bei Leuten, die über Wind und Wetter und alles andere als Eiolf sprachen, war nur wenig Trost zu holen. Eigentlich erlebte ich das fast als eine Kränkung meines Leids. Ich brauchte auch keine geflügelten Worte. Ich wollte nur gesehen werden, und ich konnte definitiv darauf verzichten, meinen wahren Zustand vor anderen verbergen zu müssen. Ich verstehe, dass manche das Thema aufgrund ihrer eigenen Angst vor dem Tod meiden, aber ich kann nur schwer akzeptieren, wie diese Angst schwerer wiegen kann als meine persönliche Trauer. Trauernde brauchen eine Unterstützung dabei, Dinge zu bewältigen und ihren Schmerz zu lindern. Einige besonders begabte Unterstützer können einem beides geben. Aber diejenigen, die verstanden, in welcher Phase meiner Trauer ich mich befand, konnte ich an einer Hand abzählen. Deshalb war es schön, an einer Gruppe mit trauernden Gleichgesinnten teilzunehmen.

Das fehlende Verständnis und Einfühlungsvermögen der Umgebung kam häufig zur Sprache. Bildete ich es mir nur ein oder mieden mich Freunde und Bekannte, als hätte ich eine ansteckende Krankheit? Lag es daran, dass sie nicht wussten, was sie sagen sollten? Fürchteten sie den Tod, oder war es eher die Trauer, die sie als problematisch empfanden? Wenn sie nicht darauf eingingen, dass ich Eiolf erwähnte, kam mir das wie Verrat und Feigheit vor; ein Verrat an Eiolfs kurzem Leben und Feigherzigkeit, wenn es darum ging, meinen Schmerz zu sehen. Und zusätzlich schien es so, als würde das Paar, das wir einmal waren, nicht mehr anerkannt. Als wären wir schweigend ausradiert worden.

Im ersten Jahr nahm ich an Allerheiligen an einer Gedenkfeier für die Toten teil, die von der Fransiskushjelpen veranstaltet wurde. Es überraschte mich, wie viele kamen und wie unterschiedlich wir waren, was Alter, Geschlecht und äußeres Erscheinungsbild betraf. Hätte ich einige der Teilnehmer auf der Straße getroffen, ich hätte ihnen ihre Trauer nicht angesehen, all jenen, die einen Anker im Leben verloren hatten und nun allein durch die Welt gehen mussten. Wenn die Trauer im Verborgenen bleibt, ist sie auch privat – und einsam. Das Gedenken war einfach und wirkungsvoll. Als wir uns versammelten, war es vollkommen dunkel im Saal, doch in dem Moment, in dem wir alle eine Kerze für den Menschen entzündeten, den wir verloren hatten, wurde er wunderbar erleuchtet. In jedem Winkel des Raums war es hell. Das wärmte uns auch innerlich.

Und trotzdem musste ich anschließend an die Schwere der Trauer denken, die an diesem Ort spürbar war, und wie unsichtbar sie ansonsten in der Gesellschaft blieb.

In Malaysia dagegen gibt es zahlreiche Trauerrituale. Unter anderem wird in den ersten sieben Wochen nach dem Tod an jedem siebtem Tag dem verstorbenen Menschen gedacht. Anschließend gedenkt man ihm am hundertsten Tag und am Jahrestag seines Todes. Ich entschied mich für eine »Light«-Version und organisierte am hundertsten Tag der Urnenbeisetzung und am Jahrestag eine Gedenkfeier für Eiolf. Es erstaunte und tröstete mich, wie viele Menschen zum ersten Jahresgedenken kamen. Ich gehe davon aus, dass sie nicht nur meinetwegen kamen, sondern ebenfalls weiterhin um Eiolf trauerten, jeder auf seine Weise. Heute bieten auch die sozialen Medien Raum für ein solches Gedenken, wo früher nur Schweigen geherrscht hat. Es ist schön, dass die Welt nicht stillsteht.

Witwe mit kleinem W

Nachdem mich schon mehrere Menschen auf ihre Pilzwanderungen mitgenommen und mir ihre geheimen Orte gezeigt hatten, fand ich, es sei an der Zeit, meine neuen Freunde zu einem Essen einzuladen. Als wir um den Tisch herum saßen, wurde mir bewusst, dass keine meiner neuen Pilzbekanntschaften Eiolf gekannt hatte. Für diese Leute war ich keine Witwe mit großem W – als die mich unsere gemeinsamen Freunde sahen.

Es war ein seltsamer Gedanke für mich, weil ich es so gewohnt war, Eiolf während meines gesamten Erwachsenendaseins als Lebenszeuge an meiner Seite zu haben. Und als Lebenszeuge hatte ich ihm nie etwas erklären müssen; all die Dinge, die nur für uns beide Sinn ergaben und für andere bedeutungslos waren. Wenn man seinen Lebenszeugen verliert, verliert man auch einen Teil von sich selbst.

In diesem Moment verstand ich, dass ein neues Kapitel meines Lebens begonnen hatte.

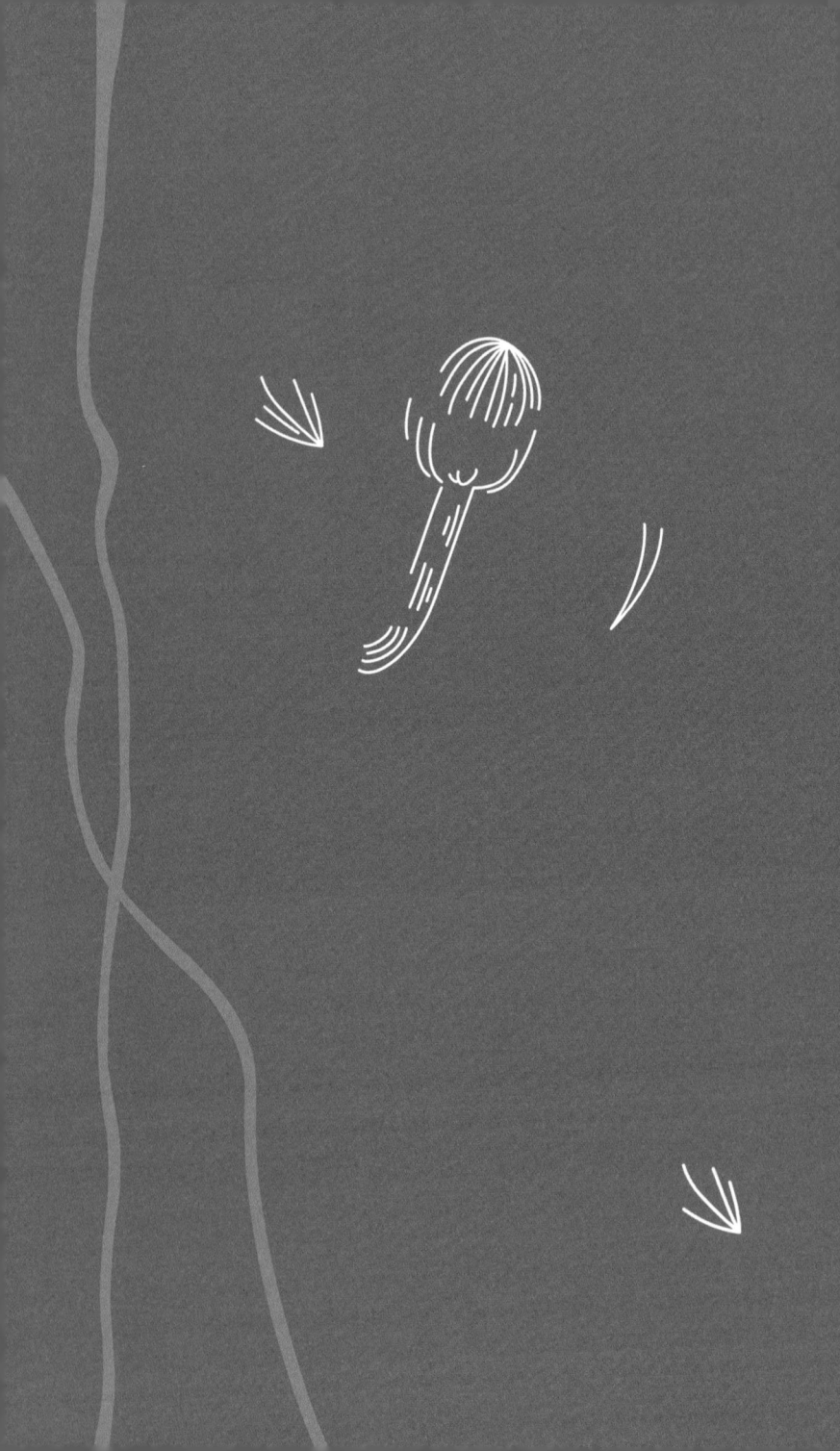

Pilzskepsis

Ich lernte Eiolf als Austauschstudentin kennen, einen Monat, nachdem ich aus Malaysia nach Stavanger gekommen war. Bei einem Nachbarschaftsfest. Er war freundlich und hatte dickes, halblanges dunkelblondes Haar. Er war der erste Norweger, dem ich begegnete, der wusste, wo Malaysia lag, ohne es im Atlas nachschlagen zu müssen. Er war neugierig und stellte interessante Fragen. Wir unterhielten uns den ganzen Abend. Und dieses Gespräch führten wir unser ganzes Zusammenleben lang fort. Wenn ich von der Uni nach Hause ging, machte ich manchmal einen Abstecher in die Bibliothek. Nachdem ich ihm dort mehrmals begegnet war, ging ich öfter hin. Er auch. So begann unsere Beziehung, zwischen Bücherregalen – wie eine Liebeskomödie. Ich war noch so jung. Was wusste ich schon darüber, wie man einen Partner fürs Leben auswählt? Mein Vater sagte immer, ich hätte den Hauptgewinn in der Lotterie für gute Ehemänner eingestrichen.

Bei Eiolfs Eltern kamen Pilze nicht ins Haus. Ganz gleich, ob gekaufte oder selbst gesammelte. Auch Tiefkühlpizza, damals gerade der neuste Schrei in den Supermärkten, stand nie auf dem Speiseplan, und vermutlich nicht, weil dieses Fertigessen ungesund war, sondern fremd und unbekannt. Und dass die Pizzen oft mit Pilzen belegt waren, machte sie vermutlich nicht verlockender.

Während viele ins Reich der Pilze gelockt werden, weil sie auf der Suche nach besonderen Delikatessen sind, gibt es mindestens ebenso viele, die schon die Nase rümpfen, wenn sie das Wort »Pilz« nur hören. Wie sich herausstellte, existieren diese gegensätzlichen Haltungen in Norwegen schon lange.

Mehr oder weniger zufällig stieß ich auf Material, das von der Norwegischen Ethnologischen Forschungsstelle (NEG) am Norwegischen Volksmuseum in Bygdøy zusammengetragen wurde. Diese Forschungseinrichtung gibt es seit 1946, es ist ein volkskundliches Archiv, in dem sich mehr als 40 000 persönliche Erzählungen über den Alltag der Menschen befinden. 1997 verschickte die NEG eine Umfrage zum Thema »Pilze und Beeren« und erhielt 198 Einsendungen. Der Fragebogen ist vier Seiten lang und beginnt mit einer kleinen Einführung, in der unter anderem steht:

Wir interessieren uns dafür, was in Wäldern und auf Wiesen gesammelt wird, ob es aus einer Tradition oder einem Impuls heraus geschieht, und für den sozialen Aspekt dieser Ausflüge. Auch wie die unterschiedlichen Funde im Haushalt eingesetzt und konserviert werden, ist für uns von Belang. Deshalb nehmen wir auch Rezepte dankbar entgegen. In all diesen Bereichen – welche Beeren und Pilze Sie sammeln, wie Sie diese verwenden und konservieren – können im Laufe Ihres Lebens Veränderungen eingetreten sein. Auch darüber würden wir gern mehr wissen. Wir sind eher an Ihren persönlichen

Erfahrungen interessiert als an allgemeinen Standpunkten. Geschichten über konkrete Ereignisse und Erlebnisse nehmen wir besonders gern entgegen.

Ich rief bei der NEG an und ließ mir einen Termin geben, um das Material zu sichten. Als ich beim Volksmuseum eintraf, war der Frühling endlich nach Bygdøy gekommen, und die Vögel schienen einen Wettstreit auszufechten, wer die Ankunft der hellen Jahreszeit am lautesten verkündete. Ich nahm den Personaleingang des Gebäudes mit den dicken Steinmauern und wurde die Treppen hinauf und in eine Bibliothek mit einer Fensterfront an der einen Wand geführt. Abgesehen von mir war niemand anwesend, und ich blieb auch die Einzige, die an jenem Tag dort arbeitete. Auf einem einsamen Tisch lag ein hoher Stapel mit Ordnern voller handgeschriebener Antworten. Mein Kontakt von der NEG erzählte mir, dass sich vor mir bisher nur eine Person für den Fragebogen über Pilze und Beeren interessiert hatte. Es war ein seltsamer Gedanke, dass die Antworten fast zwei Jahrzehnte im Archiv geschlummert hatten, bis ich nach Bygdøy kam. Ich fühlte mich privilegiert und war gespannt darauf, was ich finden würde.

Aus den Unterlagen ging deutlich hervor, dass die meisten Teilnehmer Beeren gesammelt und gegessen hatten und nur einige wenige Pilze. Die Antworten sind trotzdem interessant, weil sie etwas über die Einstellung der Menschen verraten. Pilze wurden nicht als gleichwertiges Nahrungsmittel betrachtet: Sie galten schlicht und ergreifend als »minderwertiges Essen«. Mehrere der Befragten schrieben sogar, Pilze würden allenfalls als Tierfutter taugen. Und diese Ansicht hielt sich sogar in den Kriegsjahren, als Nahrungsmittel knapp waren – das sagt schon einiges. *»Lieber fresse ich Erdäpfel als Kuhfutter«*, schrieb ein Teilnehmer über Pilze. Und eine Frau aus Oppland erzählte: *»Ich erinnere mich, wie meine Mutter von ihrer Jugend als Sennerin erzählte. Einmal waren die Kühe vor dem abendlichen Melken ausgebüxt... und blieben verschwunden. Meine Mutter machte sich auf die Suche nach ihnen und lief bis ins ca. acht Kilometer entfernte V. Dort fand sie die Tiere endlich, sie hatten Geschmack an einem bestimmten Pilz gefunden.«* Die Pilze waren schuld daran, dass die Mutter erst spät in der Nacht zurückkehrte. Mit anderen Worten hat die Abneigung gegen Pilze eine lange Tradition. Für die Kinder – und das gilt auch heute noch – waren Pilze etwas, das sie nur anschauen, aber nicht anfassen sollten, und das sie aus einem rücksichtslosen Spaß heraus auch gern zertrampelten.

Pilze waren ein derart ungewöhnliches Nahrungsmittel, dass mehrere Umfrageteilnehmer von ihrer ersten Pilzmahlzeit berichteten. Eine Frau aus Østfold schrieb: *»... ich kannte eine alte Frau aus der Nachbarschaft, die Pfifferlinge und Stäublinge sammelte. Ich durfte sie dabei begleiten, und anschließend haben wir die Pilze bei ihr zu Hause gebraten und gegessen. Seither sammelte ich selbst Pfifferlinge, obwohl meine Eltern dem Ganzen sehr skeptisch gegenüberstanden.«*

Während manche positiv überrascht wurden, wenn sie den Pilz probierten (»*ein großer Genuss!*«), fanden andere den Geruch »*merkwürdig*« und den Geschmack »*eklig*«.

Trotz der verbreiteten Skepsis berichteten viele, dass sie als Erwachsene hin und wieder Pilze aßen, etwa weil sie »*zu einem Gericht gehörten, das im Hotelrestaurant serviert wurde*«. Die etwas wagemutigeren Hausfrauen griffen zu eingelegten Pilzen, die es in zwei Varianten gab – ganz oder in Scheiben –, als in den 1970er Jahren Rezepte mit Eintöpfen in den Zeitschriften modern waren. Dosenchampignons wurden verwendet, um »*ein Gericht aufzupeppen*«. Und ein Befragter schrieb: »*Wenn ich mich recht erinnere, sagte mein Vater, Pilze wären ein exklusives Essen.*« Hier sehen wir, dass die Frage, ob Pilze ein Nahrungsmittel sind oder nicht, auch etwas mit der sozialen Stellung zu tun hatte. In der besseren Gesellschaft wurden Pilze zu einer Mode, mit der man sich auskannte und die man ganz selbstverständlich aß.

Es waren Stadtmenschen, Pfarrer, Lehrer, gebildete Damen oder Künstler, die man mit einem Pilzkorb am Arm sehen konnte und die ihrer Zeit voraus waren. Damals bildeten sie die mykologische Avantgarde Norwegens. Aber das Pilzglück in diesen Zeiten unterscheidet sich nicht groß vom heutigen. Eine Frau aus Rygge schrieb Folgendes: »*Wir beschäftigten uns eifrig mit den entsprechenden Handbüchern und lernten nach und nach ziemlich viele Pilzsorten kennen. Aber wir gingen nie ein Risiko ein, und waren wir im Zweifel, suchten wir Rat bei der Lebensmittelkontrolle oder bei Men-*

schen, von denen wir wussten, dass sie sich mit Pilzen auskannten. Ich erinnere mich noch, wie mein Vater, als ich zehn
oder zwölf Jahre alt war, an unserem alten Herd stand und in
einem großen Topf Pilze blanchierte. Wir Kinder (vier an der
Zahl) standen daneben und warteten darauf, endlich probieren zu dürfen. Wenn wir abends von einem Spaziergang zu-
rückkamen, erwarteten uns knusprig gebratene Pilze oder Pilze
in Sahnesauce, und mein Vater war der stolze Koch. Die Ausflüge in die Pilze hatten verschiedene Zwecke: frische Luft und
Bewegung, Erlebnisse und Nahrungsbeschaffung... Als wir
klein waren, hatten meine Eltern immer einen Spirituskocher,
eine Bratpfanne, Margarine und Salz dabei, und dann ver-
speisten wir in gemütlicher Atmosphäre das, was uns der Wald
gegeben hatte. Am nettesten war es, wenn wir die gebratenen
Pilze direkt aus der Pfanne essen konnten, mit den Fingern...«

Wenn die Leute hören, dass ich Pilze sammle, erlebe ich
oft dieselbe Reaktion. Man erzählt mir eine Vergiftungs-
geschichte, meistens mit einer ganzen Tischgesellschaft, die
an der Dialyse hängt, seit sie giftige Exemplare verspeist
hatte. Die Botschaft ist klar: »Pilze sind gefährlich.«

Warum soll man eigenhändig Pilze sammeln, wenn man
sie doch im Supermarkt kaufen kann?, fragen sich die Skepti-
ker wohl. Vermutlich pulen nur die wenigstens die Champignons von ihrer Tiefkühlpizza herunter, weil sie gehört haben,
dass diese giftig sein können, aber die Gruppe der Norweger,
die Pilze mit Fäulnis und Schimmel verbinden, scheint im
Laufe der Geschichte gleich groß und stabil geblieben zu sein.

Bei der Giftnotrufzentrale gehen jährlich rund 40 000 Anrufe ein. Die Gründe sind über einen längeren Zeitraum gleich geblieben: In rund 40 Prozent der Fälle geht es um chemische Produkte, in weiteren 40 Prozent um Arzneimittel, wieder 10 Prozent entfallen auf »Diverses« und die letzten 10 auf Pflanzen, Tiere und Pilze. Mit anderen Worten erkundigen sich nicht gerade viele Leute über die Symptome einer Pilzvergiftung. Die Kluft zwischen Fantasie und Wirklichkeit ist groß, vor allem bei den Mykophoben, den Pilzhassern.

Der Unterschied zwischen den Mykophilen, den Pilzliebhabern, und den Mykophoben könnte größer nicht sein. Die Mykophilen versuchen, das Risiko zu verringern, indem sie äußerst vorsichtig vorgehen – eine defensive Sammelstrategie – und ihr Wissen ausbauen. Für die Mykophoben sind die Pilze ein Synonym für den Tod, der am Waldboden lauert. Sie denken nur noch an das Risiko einer Vergiftung, lebenslangen Dialyse oder gar des sofortigen Ablebens. Mykophobe halten das Pilzsammeln für einen Extremsport und den Verzehr von selbst gesammelten Pilzen – unabhängig vom Niveau des Pilzwissens – für eine unverantwortliche Handlung mit hohem Gefahrenpotenzial, eine Art russisches Roulette. Die letzte Karte, die der Mykophobe ausspielt, ist stets die des »menschlichen Versagens«. Trotz ausgeprägter Kenntnis und Vorsicht können immer Fehler passieren. Tja, was soll man anderes dazu sagen, als den Mykophoben darin zuzustimmen, dass sich das Risiko einer Vergiftung niemals komplett vermeiden lässt. Auch Pilzexperten können sich irren. Deshalb ist ein Rundumschutz gegen Vergiftung unmöglich, wenn man wilde Pilze essen will. Doch selbst die Mykophoben müssen wohl zugeben, dass es genauso gefährlich ist, wenn man sich nach einem ausgelassenen Partyabend zu einem wildfremden Menschen ins Auto setzt. Und sie vermutlich selbst Einiges machen, was in der Gefahren- und Unfallstatistik höher rangiert als der vernünftige Verzehr von Pilzen. Daraus schließe ich, dass hinter der Pilzangst der Mykophoben in Wirklichkeit nicht die Angst vor Risiko als solchem steckt. Vielmehr fürchten sie sich vor den Pilzen und tarnen es als Selbstschutz gegen riskantes Verhalten. Inzwischen erkenne ich solche Mykophobe schon von Weitem, noch bevor sie ihren Zeigefinger schwingen und ihre Geschichte vom tragischen Ausgang des Familienessens zum Besten geben. Dann halte ich den Mund und versuche, mir nicht die Laune verderben zu lassen. Aber eigentlich habe ich gar keine Lust, mich mit Leuten zu unterhalten, die mich als Pilzsammlerin mit jemandem gleichsetzen, der sich eine giftige Schlange als Haustier hält.

Als man im 19. Jahrhundert in Norwegen begann, Pilze zu verzehren, waren die Pioniere – im Gegensatz zu den meisten anderen Ländern – hauptsächlich gebildete Stadtmenschen. Dr. Olav Johan Sopp (ein Vorreiter der norwegischen Mykologie, der früher J. Oluf Olsen hieß und seinen Nachnamen in Sopp, das norwegische Wort für Pilz, ändern ließ, um seine große Leidenschaft zu unterstreichen) schrieb in seinem 1883 erschienen Werk *Essbare Pilze,* dass es im Rest der Welt vor allem die Armen seien, die Pilze sammelten, aßen und verkauften. In Norwegen dagegen wären es die Großbürger, die auf ihren Reisen durch die große weite Welt, d. h. durch Europa, in eleganten Restaurants und feinen Gesellschaften auf den Geschmack gekommen waren. Sie brachten diese kulinarische Entdeckung nach Norwegen, wo die Daheimgebliebenen, die häufig weniger gebildet waren, gegenüber den versnobten Essensgewohnheiten des Bürgertums, nicht zuletzt auch dem Verzehr von Pilzen, skeptisch blieben.

Wenn ich heute einem Mykophoben begegne, denke ich insgeheim, dass der Betreffende vermutlich einem armen Bauerngeschlecht entstammt. Selbst wenn er sich mit einem akademischen Abschluss, einer guten Stelle oder einer feinen Adresse schmückt, lässt seine mykophobe Einstellung tief blicken. Über Generationen weitervererbte Vorurteile und Wissenslücken sowie eine fehlende Neugier führen zu heftigen, irrationalen Gefühlen, die inzwischen zu einem steinharten Suppenwürfel reduziert sind, den ich nicht aufzulösen vermag. Ich habe weder den Mut noch die Lust, Mykophobe zu bekehren, die von vornherein der Meinung sind, Pilze seien gefährlicher als Wölfe und gleichbedeutend mit einem tödlichen Gift. Inzwischen denke ich: Je mehr Mykophobe es gibt, desto mehr Pilze bleiben für uns andere übrig. Ich bin nicht so geduldig wie Dr. Sopp, der unermüdlich für die Pilzaufklärung eintrat und Trost in dem Gedanken fand, dass die Kartoffel, die 1758 nach Norwegen kam, ebenfalls »mit einem ungeheuren Misstrauen aufgenommen worden war: Die Leute wollten sie auf keinen Fall verzehren und noch viel weniger anbauen.«

Welche Pilze sind essbar?

Als Neuling in der Pilzszene erstaunte mich die Erkenntnis, dass Norwegen als erstes Land eine eigene Liste erstellt hatte, die »Normliste für die Genießbarkeit norwegischer Pilze«, die im Jahr 2000 erarbeitet wurde. Bei den Pilzkontrollen halten sich die Sachverständigen streng an diese Liste. Ihr zugrunde liegt der Wunsch nach einer einheitlichen Praxis. Auf diese Weise will man vermeiden, dass die Genießbarkeit der Pilze bei der Kontrolle unterschiedlich bewertet wird. Während manche Sachverständige der persönlichen Meinung waren, ein bestimmter Pilz sei ein echtes »3-Sterne-Exemplar«, konnten andere ihn als vollkommen geschmacksarm einstufen. Die Normliste sollte dies regulieren, indem sie die Pilze in vier Kategorien einteilte: 1) essbar, 2) kein Speisepilz, 3) giftig und 4) sehr giftig.

Neue Forschungsergebnisse können allerdings dazu führen, dass Pilze, die man früher als giftig eingestuft hat, wieder »freigesprochen« werden. Dazu zählt beispielsweise der Üppige Träuschling, *Stropharia hornemannii.* Umgekehrt gelten einzelne Pilze, die früher in die Kategorie »essbar« fielen, darunter der Honiggelbe Hallimasch, *Armillaria mellea,* und der Grünling, *Tricholoma equestre,* heute als giftig. Deshalb wird die Normliste regelmäßig aktualisiert.

Einmal fanden mein Pilzfreund K und ich im Wald große Mengen des Geschmückten Gürtelfuß, *Cortinarius armillatus.* Wir wussten beide, dass diese Art heutzutage in die zweite Kategorie, kein Speisepilz, fällt, kannten jedoch gleichzeitig mehrere Mitglieder der alten Garde in unserem Verein, die diesen Pilz »all die Jahre« gegessen hatten und das auch heute noch taten, gänzlich unbeeindruckt von den jüngsten Aktualisierungen der Normliste, weil sie »nur gute Erfahrungen mit diesem Pilz« gemacht hatten. Noch dazu hatte K gerade in den sozialen Medien in Schweden gelesen, dass manche Pilzkenner den Geschmückten Gürtelfuß zum besten Speisepilz überhaupt auserkoren hatten. Deshalb verkündete K, er wolle den Sachverhalt ein für alle Mal klären. Der Rest seiner Familie war verreist, sodass er den Test durchführen konnte, ohne Leib und Leben seiner Lieben zu gefährden. Ich half ihm beim Sammeln, und schon bald hatten wir einen ganzen Korb voller junger, frischer Exemplare des Geschmückten Gürtelfuß. Glücklich und zufrieden fuhr er nach Hause, bereit für den Einsatz im Dienste der Pilzaufklärung.

Später am Abend schickte ich ihm eine SMS, um mich

zu erkundigen, wie der Pilz geschmeckt hatte. Er antwortete, er habe ihn noch nicht gegessen, aber morgen würde er es wagen. Tags darauf schrieb ich ihm wieder und erhielt eine schnelle Antwort. Er habe den Pilz probiert und fände ihn tatsächlich ziemlich schmackhaft. Wie sich herausstellte, hatte er allerdings erst Mut sammeln müssen, so übermächtig sei der »psychische Druck« der Normliste gewesen. So oder so hinterließ diese Episode bei mir ein großes Fragezeichen hinsichtlich der Normliste. Meine Neugier war geweckt.

Warum war es beispielsweise notwendig, zwischen »giftigen« und »sehr giftigen« Pilzen zu unterscheiden? Mir wurde erklärt, dass *alle* Pilze im Korb weggeworfen werden mussten, wenn sie mit einem Exemplar der Kategorie »sehr giftig« in Berührung gekommen waren, wohingegen diese drastische Maßnahme bei einem Pilz, der lediglich als »giftig« eingestuft werde, nicht nötig war. Und mit Ks Erfahrung mit dem Grünen Gürtelfuß noch in frischer Erinnerung: Welche Eigenschaften kennzeichnen einen Pilz – der weder genießbar noch giftig oder sehr giftig ist – aus der Kategorie »kein Speisepilz«?

Auf der Internetseite des Verbands ist zu lesen, die Einteilung »kein Speisepilz« werde nach Geschmack und/oder Konsistenz vorgenommen. Dass die Experten, die über die Normliste walten, möglicherweise keinen Wohlriechenden Schneckling, *Hygrophorus agathosmus,* mögen, weil er, im Gegensatz zu dem, was sein Name verspricht, einen seltsamen Duft verströmt, ist eine Sache. Ganz anders verhält es sich mit der Frage, ob man ihn essen kann. Schon eine kurze Internetrecherche verrät, dass dem so ist. Manch einer meint sogar, er schmecke »nach Mandeln«. Deshalb steht er jetzt auf der Liste jener Arten, die ich probieren möchte. Und mir kommt der Gedanke, dass ich möglicherweise nicht dieselben Präferenzen habe wie jene Experten, denen das letzte Wort über die Aktualisierung der Normliste gebührt.

Ich weiß nicht mehr genau, wann ich zum ersten Mal vom Pilztreffen in Telluride, Colorado, hörte, aber ich erinnere mich an die ersten Fotos, die ich von der Parade sah, bei der sich alle Teilnehmer als unterschiedliche Pilzarten verkleiden. Das Ganze wirkt ziemlich abstrus und verrückt, aber genau das gefiel mir. An diesem Pilztreffen wollte ich gern einmal teilnehmen. Und als ich später die Gelegenheit dazu bekam, zögerte ich nicht eine Sekunde. In Telluride hatte ich auch die Gelegenheit, den Habichtspilz, *Sarcodon imbricatus,* zu probieren, der laut Normliste ebenfalls nicht zu den Speisepilzen zählt. Verwirrt musste ich feststellen, dass die aromatische Habichtspilzsuppe tatsächlich genau meinen Geschmack traf.

Ich erörterte das Problem mit den erfahreneren Mitgliedern meines Vereins, die mir erklärten, manche Pilze seien zwar essbar, aber beispielsweise klein und schwierig zu sammeln und deshalb als Nahrungsmittel ungeeignet. Außerdem gerieten manche Sorten auch in diese Kategorie, weil man schlichtweg nicht mit Bestimmtheit sagen könne, ob sie giftig seien.

Geschmückter Gürtelfuß, *Cortinarius armillatus*

Offenbar kann es viele Gründe dafür geben, warum essbare Pilze in der Kategorie »kein Speisepilz« landen. Die Normliste, so sagte man mir, diene in erster Linie als Leitfaden für die praktische Pilzkontrolle, bei der oft nicht genug Zeit bleibe, auf jedes Detail einzugehen. Die Schlange der Menschen, die ihre Pilze untersuchen lassen wollen, sei mitunter ziemlich lang.

Nichtsdestotrotz bietet die Normliste nun einmal die aktuellsten Angaben über die Genießbarkeit von Pilzen.

Interessierte Pilzsammler konsultieren sie fleißig auch jenseits der organisierten Kontrollen. Und noch dazu beziehen sich selbst die tonangebenden Experten im Verein auf diese Liste, selbst wenn *keine* Kontrolle stattfindet.

Es ist weder Sinn noch Zweck der Normliste, andere zu bevormunden oder ihnen einen bestimmten Geschmack vorzugeben, aber diesen Nebeneffekt gibt es zweifellos. Selbst wenn die Kategorie »kein Speisepilz« auch Kommentare zu den Pilzen enthält, wirken diese manchmal nicht sehr fundiert. Zum Beispiel steht bei mehreren Arten im Kommentarfeld lediglich »schlechter Geruch oder Geschmack«. Obwohl Geruch und Geschmack bekanntlich individuell verschieden wahrgenommen werden. Obendrein schmecken manche Pilze nur dann schlecht, wenn man sie brät, anders zubereitet jedoch nicht. Deshalb wäre eine etwas ausführlichere Version dieser Liste durchaus wünschenswert. Sie könnte den Interessierten genügend Informationen liefern, um am Ende *selbst* zu entscheiden, ob sie den Geschmack, den Geruch oder die Konsistenz eines essbaren Pilzes mögen oder nicht. Und dann wäre es dem Sammler selbst überlassen, ob er sich die Mühe machen möchte, ausreichende Mengen eines kleinen und deshalb arbeitsaufwendigen Pilzes zu sammeln, damit es für eine kleine Mahlzeit reicht. Doch in dieser Sache ist das letzte Wort auch noch nicht gesprochen, weil die Frage, was auf der Normliste stehen soll und was nicht, für heftige Kontroversen in der Pilzszene sorgt.

Im Limbus

Ein Beitrag der Anthropologie zum besseren Verständnis der Gesellschaft ist der bereits erwähnte Initiationsritus, »rite de passage«. Der französische Begriff wurde 1909 vom Holländer Arnold van Gennep geprägt und kennzeichnet den veränderten Status eines Individuums, das eine soziale Gruppe verlässt und Teil einer anderen wird. Taufe, Konfirmation, Hochzeit oder Beerdigung sind Beispiele für einen solchen Ritus. Van Gennep verwendet das Haus als Metapher für die Gesellschaft, und dessen Zimmer stehen für die gesellschaftlichen Gruppen. Van Gennep zufolge gibt es drei Phasen, die ein Individuum auf dem Weg vom einen Raum zum nächsten durchläuft: von der Seperation (von einer Gruppe) hin zur Inkooperation (in die neue Gruppe) – und dazwischen liegt die Liminalphase, in der man weder der einen noch der anderen angehört.

Das lateinische Wort »Limen« bedeutet Schwelle oder Grenze. Ein verwandtes Wort ist der Limbus, der in der katholischen Theologie den Vorraum zur Hölle bezeichnet. Dort sind diejenigen, denen ein ewiges Leben mit Gott im Himmel nicht vergönnt ist, in einem Niemandsland gefangen. Selbst wenn sie nicht in die Hölle kommen, erhalten sie auch keinen Zutritt zum Himmel. Ich war verheiratet, und plötzlich wurde ich Witwe. Bislang war meine Reise durch den Irrgarten der Trauer eine ewige Liminalphase gewesen. Ich befand mich im Nirgendwo.

Die Liminalphase ist dadurch gekennzeichnet, dass alles, was als bekannt und gegeben hingenommen wurde, zerfällt und undeutlich wird. Man bekommt sozusagen eine Fahrkarte der billigsten Kategorie hinterhergeworfen, um eine Reise ins Unbekannte anzutreten, die oft turbulent und definitiv zu keinem Zeitpunkt komfortabel ist.

Der Übergang ist fließend, und in der Theorie stehen einem alle Möglichkeiten für eine positive Transformation offen, aber es verlangt einem vieles ab, sich in dieser fremden Mondlandschaft auf den Beinen zu halten. Die Gefühlsstürme, die im Körper toben, wenn man sich im Limbus befindet, sind extrem: Wut über die Situation, in die man unfreiwillig geraten ist, Sehnsucht nach dem Alten und Furcht vor dem Neuen. Dadurch erkennt man nur schwer die neuen Türen, die sich öffnen.

Wütend auf das Gras

Ich bin wütend auf das Gras und den Rasenmäher. Ich schiebe das altmodische Gerät auf dem grünen Flecken im Schrebergarten hin und her, hin und her. Sind die Klingen schon nach einem Winter stumpf geworden? Ich hatte sie gerade von einem Freund schleifen lassen, den ich im Gegenzug letzten Sommer zu einem Essen hier im Freien einlud. Eiolf mähte gern den Rasen, aber am allerliebsten stutzte er die Kanten mit einem Arsenal unterschiedlicher Werkzeuge, deren Namen ich nicht kenne. Anstatt den Rasenkantenschneider hervorzuholen, ramme ich den Rasenmäher wieder und wieder gegen die Wand unserer Hütte. Natürlich wird die Kante nicht schön. Und natürlich ärgert sich meine Mutter über meine ineffektiven Versuche, den Rasenmäher als Rammbock zu benutzen. Welche Tür ich zu öffnen versuche, ist ihr ein Rätsel. Erstaunlicherweise hält sie aber den Mund und lässt mich gewähren.

Wenn ich zurückdenke, war Wut jedoch nicht das dominierende Gefühl nach Eiolfs Tod. Liegt es daran, dass ich nicht religiös bin und keinen Gott habe, auf den ich wütend sein konnte? Auf Eiolf war ich jedenfalls nicht wütend. Neben der allgemeinen Traurigkeit war vor allem meine Dankbarkeit vorherrschend. Ich war dankbar, Eiolfs Lebensgefährtin gewesen zu sein. Befreundete Psychologen sagten jedoch, die Wut sei ein wichtiger Teil der Trauer. Vielleicht trauere ich auf die falsche Weise?

Aprilscherz

Obwohl heute der 1. April ist, hat mich niemand an der Nase herumgeführt.

Wenn Eiolf hier wäre, hätte er sich etwas einfallen lassen.

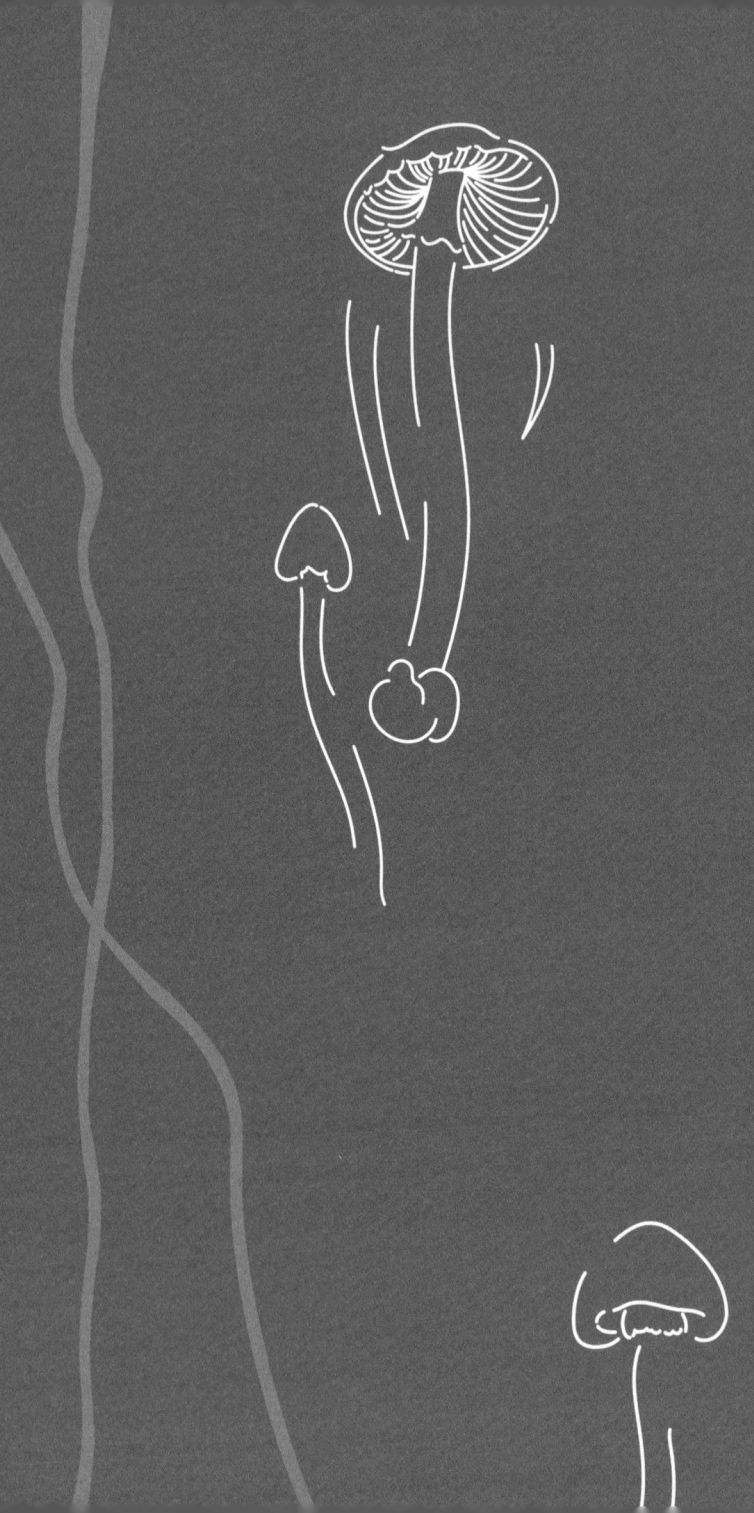

Fifty shades of poison

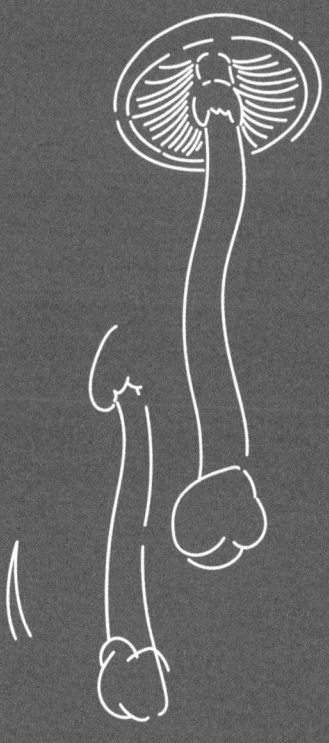

Ein heimliches Liebespaar, das während eines romantischen Wochenendes im Ferienhaus die falschen Pilze aß, landete daraufhin auf der Intensivstation des dortigen Krankenhauses. Der Mann hatte seiner Familie erzählt, er wäre auf einem Seminar, während die Frau angeblich einen Ausflug mit ihren Freundinnen machte. Diese Tarngeschichten flogen auf, als sich die jeweiligen Ehepartner und Familien in der Klinik begegneten. Schwer zu sagen, was schlimmer war: zwischen Leben und Tod zu schweben oder ertappt worden zu sein.

Die Gefahr einer Vergiftung fasziniert viele am Thema Pilze. Die Vorstellung, man würde von einem giftigen Pilz abbeißen und auf der Stelle sterben, ist weit verbreitet. Oder man hätte Schaum vorm Mund oder erbräche sich direkt über dem Teller oder ähnlich Dramatisches. Früher dachte ich das auch, aber inzwischen habe ich gelernt, dass Gift in Pilzen viele Gesichter haben kann und dass es ganz unterschiedliche Arten von Mykotoxinen gibt. Der Verzehr hat nicht immer eine lebenslange Dialyse oder gar den sofortigen Tod zur Folge.

Von den unzähligen Pilzarten auf der Welt ist nur eine Handvoll tödlich giftig. Nimmt man diese zu sich, kommt es zu einer Reihe unterschiedlicher Symptome und Ergebnisse. *Amatoxine,* die sich im Grünen Knollenblätterpilz, *Amanita phalloides*, im Kegelhütigen Knollenblätterpilz, *Amanita virosa*, und im Gifttäubling, *Galerina marginata*, finden – Pilze, die auch in Norwegen beheimatet sind –, greifen die Leber an und sind schon in geringen Mengen tödlich. Für über 90 Prozent tödlich verlaufender Pilzvergiftungen weltweit sind Amatoxine verantwortlich. Die hochgiftigen Pilze und ihre Doppelgänger stehen selbstverständlich auf dem Lehrplan eines jeden Anfängerkurses für Pilze. Andere Mycotoxine attackieren das zentrale Nervensystem oder innere Organe. Forschungen der jüngsten Zeit haben gezeigt, dass eine Pilzvergiftung auch zu einer Rhabdomyolyse führen kann, einer gefährlichen Auflösung der Herz- und Skelettmuskulaturfasern. Eine Hämolyse, die verstärkte Auflösung von roten Blutkörperchen, kann ebenfalls die Folge einer Pilzvergiftung sein.

Pilzvergiftungssyndrome können nach der Zeit klassifiziert werden, die es dauert, bis sich die Symptome zeigen. Der Spitzgebuckelte Raukopf oder Spitzbuckelige Orange-Schleierling, *Cortinarius rubellus,* enthält Orellanin, das Leber und Nieren angreift und schon in kleinen Mengen tödlich wirkt. Allerdings vergehen nach dem Verzehr bis zu vierzehn Tage, ehe diese Vergiftung zu Tage tritt. Mit anderen Worten spaziert man durch die Gegend, ohne Böses zu wittern, und plötzlich versagen die Nieren. Allgemein lässt sich sagen, dass Pilze, die eine unmittelbare Reaktion wie Übelkeit, Erbrechen und Diarrhöe hervorrufen, am ungefährlichsten sind. Den schlimmsten Schaden richtet in der Regel das Pilzgift mit einer längeren Latenzzeit an, also jener Zeit, die zwischen dem Verzehr und den ersten Symptomen vergeht. Selbst wenn ein Pilz als »tödlich giftig« gilt, ist eine Rettung möglich, wenn der Betroffene rechtzeitig und richtig behandelt wird.

Kann man einem Pilz ansehen, ob er giftig ist? Ich musste mir schon oft von Fremden anhören, ein Speisepilz in meinem Korb würde giftig aussehen. Was als giftiges Aussehen empfunden wird, ist subjektiv. Meine These ist, dass für den Mykophoben alles, was sich von den gewohnten Pilzen aus dem Supermarkt unterscheidet, giftig aussieht. Verglichen mit einem weißen Zuchtchampignon mag zum Beispiel der Netzstielige Hexenröhrling, *Boletus luridus,* mit seinem rotbraunen Netz auf dem Stiel und dem Fleisch, das sich blau verfärbt, ziemlich ungenießbar erscheinen.

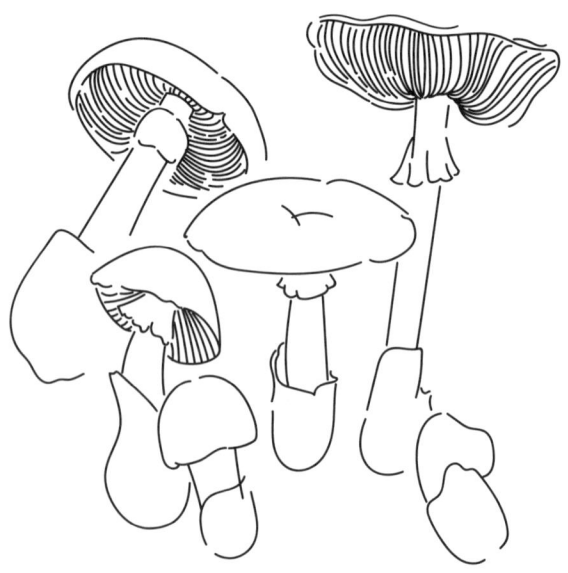

Grüner Knollenblätterpilz, *Amanita phalloides*

Einmal habe ich tellergroße Netzstielige Hexenröhrlinge gefunden und sie zu einer Pilzausstellung auf dem hiesigen Bauernmarkt gebracht. Dort wurde er schnell zum »Monsterpilz« erkoren. Alle wollten wissen, ob er giftig ist. Und ich grinste breit und erklärte, er schmecke sogar ziemlich köstlich, wenn er gut gebraten sei. Ich amüsiere mich immer über die Reaktionen, wage aber trotzdem zu bezweifeln, dass ich ihre Meinung darüber beeinflussen kann, wie ein giftiger Pilz aussieht.

Überhaupt kursieren diesbezüglich viele falsche Vorstellungen. Zum Beispiel, dass giftige Pilze nicht auf Bäumen wachsen oder grundsätzlich knallbunt sind. Manche glauben überdies, Pilze, an denen schon Insekten oder andere Tiere genascht hätten, wären auch für den Menschen harmlos. Oder man könnte einen Giftpilz daran erkennen, dass sich Silber schwarz verfärbt, wenn es mit ihm in Berührung kommt. Aber nicht alle Stoffe, die für den Menschen giftig sind, schaden auch Tieren, und die Reaktion von Edelmetallen besagt rein gar nichts über die Giftigkeit eines Pilzes, weshalb man seinen Silberlöffel getrost in der Schublade lassen kann, wenn man in die Pilze geht. Einfache Regeln gibt es in Bezug auf das Gift leider nicht. Man muss mit den Pilzen vertraut werden wie mit alten Freunden. Das Gesicht eines guten Freundes erkennt man immer wieder, egal, ob er einen guten oder schlechten Tag hat. Genauso ist es auch mit den Pilzen. Manchmal sind sie klein, fein und schön, und manchmal kann dieselbe Art alt, runzelig und hässlich aussehen.

Einer meiner Pilzfreunde, der gerade einen Kurs für Anfänger gegeben hatte, wusste zu berichten, dass nicht alle Menschen dieselbe Begabung dafür haben, Pilze auseinanderzuhalten. Als er einen Pfifferling und einen Spitzgebuckelten Raukopf zeigte, konnte ein Teilnehmer sofort einen Unterschied erkennen, während ein anderer meinte, die Pilze wären sich ähnlich, weil sie »beide gelb« seien. Bei der Giftnotrufzentrale hat man sogar die Erfahrung gemacht, dass Knollenblätterpilze mit guten essbaren Arten wie Stein- oder Stoppelpilzen verwechselt wurden, obwohl Farbe, Form und andere Kennzeichen komplett verschieden sind. Relevante Unterscheidungsmerkmale sind etwas, das man sich unbedingt aneignen muss. Ein wichtiger Teil der Wahrnehmung ist das Gedächtnis, das bekanntlich auf Lernen und Übung basiert. Je mehr Erfahrung und Wissen man sich aneignet, desto besser kann man die kleinen, aber bedeutsamen Abweichungen erkennen. Weil jeder Mensch andere Voraussetzungen mitbringt, verlangt das dem einen mehr ab als dem anderen – aber bei Pilzen ist es nun einmal lebenswichtig, die Unterschiede zu erfassen.

Ein typischer Anfängerfehler besteht darin, sich zu sehr auf Illustrationen in Büchern zu verlassen, denn das Aussehen eines Pilzes kann, je nach Alter und anderen Bedingungen, stark variieren. Und so passiert es im Eifer schnell einmal, dass man die Übereinstimmungen einer Abbildung aus dem Buch und dem Pilz in der freien Natur erkennt und die Unterschiede übersieht. Pilzwissen ist in erster Linie praktisches Wissen. Übung und Erfahrung machen den Meister. Man kann es mit dem Erlernen eines Handwerks vergleichen. Das Wissen wächst langsam, organisch. Und nach und nach kommt im Chaos ein System zum Vorschein.

Einfach ist es aber nicht.

Der besagte Spitzgebuckelte Raukopf, von norwegischen Pilzleuten auch zynisch als »Sandefjordpfifferling« bezeichnet, ist einer der giftigsten Pilze hierzulande. Manchmal wächst er Seite an Seite mit dem Trompetenpfifferling. Gerüchten zufolge verwechselte ein armer Mensch aus Sandefjord einmal einen Spitzgebuckelten Raukopf mit einem Trompetenpfifferling und war für den Rest seines Lebens auf die Dialyse angewiesen. Erfahrene Pilzkenner hingegen können kaum nachvollziehen, wie man die beiden Arten verwechseln kann.

Als S, eine Berühmtheit der norwegischen Pilzszene, wunderbare Riesenchampignons sammelte, um sie seinem französischen Besuch zu servieren, weigerte dieser sich zu seinem Erstaunen, sie zu essen. In Norwegen gelten sie nicht allein als essbar, viele sind auch der Meinung, sie würden zu den besten Pilzen gehören, die man hierzulande findet. Als man noch Sterne verwendete, um den Geschmack von Pilzen zu bewerten, war der Riesenchampignon ein Drei-Sterne-Pilz. Die Franzosen sind da ganz anderer Meinung. Didier Borgarino, Autor von *Le guide des Champignons,* einem anerkannten französischen Pilzführer, zählt nur den Wiesenchampignon, *Agaricus campestris,* und den Großen Waldchampignon, *Agaricus langei,* zu den Speisepilzen. Das wird alle Norweger, die ihre Champignons aus dem Effeff kennen, erstaunen. Laut Borgarino sollte man den Riesenchampignon, den Weißen Anischampignon, *Agaricus arvensis,* und den Dünnfleischigen Anisegerling, *Agaricus silvicola,* lieber wegwerfen – um auf der sicheren Seite zu sein. Diese Champignons können nämlich mit Cadmium und anderen Schwermetallen belastet sein. In Norwegen ist man sich dessen durchaus bewusst und verzehrt sie deshalb nur in Maßen, aber die französischen Mykologen sind strenger und essen weder diese Arten noch Zuchtchampignons.

Als ich diese Geschichte hörte, staunte ich. Natürlich konnte ich mir vorstellen, dass man den Geschmack nicht einheitlich beurteilt, aber dass auch über Essbarkeit und Giftigkeit unterschiedliche Ansichten herrschten, hätte ich nicht gedacht. Ich hatte mir eingebildet, dies sei etwas Absolutes, über das sich alle einig wären.

Galt etwa nicht in allen Ländern dieselbe Liste von essbaren und giftigen Pilzen?

Wie ich mittlerweile erfahren habe, kann es viele Ursachen dafür geben, dass einem nach dem Verzehr von Pilzen schlecht wird.

Die Dosierung ist eine Sache. Es kann einfach zu viel des Gutes werden. Selbst sogenanntes gesundes Essen wird mitunter zu Gift, wenn man es übertreibt. Salz zum Beispiel ist bekanntermaßen lebensnotwendig für den Körper, aber schädlich, wenn wir es in zu großen Mengen zu uns neh-

Spitzgebuckelter Raukopf, *Cortinarius rubellus*

men. Dasselbe gilt für Wasser. Wie es schon Paracelsus, der Begründer der Toxikologie, im 16. Jahrhundert so spitz formulierte: Der einzige Unterschied zwischen Medizin und Gift ist die Dosierung. Wird einem also nach dem Genuss von Pilzen schlecht, muss das nicht unbedingt am Gift liegen. Auch hier gilt: Zurückhaltung ist eine Tugend. Wer ohnehin kränkelt, sollte keine riesigen Mengen an Pilzen zu sich nehmen, und seien sie noch so essbar. Selbst der Verband rät davon ab, Pilze länger als zwei Tage in Folge mehrmals täglich als Hauptmahlzeit zu verzehren.

Außerdem sollte man individuelle Allergien berücksichtigen. Der Lieblingspilz des einen kann beim anderen eine allergische Reaktion hervorrufen, nicht unbedingt mit Todesfolge, aber mit vorübergehendem Unwohlsein, Übelkeit oder einer Magenverstimmung.

Eine häufige Ursache für Pilzvergiftungen ist die falsche Zubereitung. Manche Arten sind im Rohzustand giftig, auf die richtige Weise gegart aber vollkommen unschädlich. Und womöglich ist der Pilz, der in Norwegen die meisten negativen Symptome auslöst, gar kein Giftpilz, sondern ein Speisepilz, nämlich die Birken-Rotkappe. Man erkennt sie leicht an ihren »Bartstoppeln« am Stiel und an ihrem fleischigen, rotbraunen Hut. Über viele Jahre war er unter den »sechs Sicheren«. Diese Liste wurde mittlerweile umgetauft in die »fünf Sicheren«, nachdem man die Birken-Rotkappe gestrichen hat, und zwar nicht, weil der Pilz an sich giftig ist, sondern weil vielen Leuten nach dem Verzehr schlecht wurde, da sie ihn nicht ausreichend erhitzt hatten. Die Birken-Rotkappe wächst auch im Gebirge, und es ist denkbar, dass viele Wandersleute einfach zu hungrig waren und nicht genug Geduld am Lagerfeuer bewiesen hatten. Grundsätzlich sollte man sich merken, dass alle Pilze, auch im Supermarkt gekaufte, erhitzt werden müssen. Mancheiner wird jetzt vielleicht protestieren und auf all die Champignons verweisen, die er seit den 1970er oder 1980er Jahren roh im Salat gegessen hat. Tatsache ist aber, dass auch Zuchtchampignons Phenylhydrazin-Verbindungen enthalten, die krebserregend sein können, beim Erhitzen jedoch zerstört werden.

Zu guter Letzt muss erwähnt werden, dass schon die Angst vor einer Pilzvergiftung zu Schwindel, Kopf- und Magenschmerzen führen kann. Zarte, pilzskeptische Seelen sollten daher lieber grundsätzlich vom Verzehr Abstand nehmen.

Wie bereits gesagt sind Pilzkontrolleure dazu verpflichtet, den gesamten Inhalt eines Korbs voller essbarer Pilze einzukassieren, wenn sich darunter auch nur ein sehr giftiges Exemplar befindet. Die meisten Sammler finden sich damit ab, sobald man ihnen erklärt, dass schon ein Spitzgebuckelter Raukopf von der Größe eines Zuckerwürfels ausreicht, um einen Menschen zu töten. Absurderweise gibt es trotzdem immer jemanden, der protestiert, wenn die Pfifferlinge einkassiert werden. Einmal fand ein befreundeter Pilzsachverständiger fünf große Kegelhütige Knollenblätterpilze in einer Plastiktüte mit ein paar schönen Steinpilzen, die zur Kontrolle abgeliefert wurden. Die Steinpilze waren vollkommen von den Resten der zerfledderten Knollenblätterpilze bedeckt. Der Sammler war zutiefst unglücklich, als der Kontrolleur sein Urteil fällte, und wollte mit den Knollenplätterpilz-verseuchten Steinpilzen türmen. Mein Freund musste sein ganzes diplomatisches Geschick einsetzen, um die Tüte zurückzubekommen und den Inhalt ordnungsgemäß zu entsorgen.

Die Giftnotrufzentrale gibt an, dass vor allem Erwachsene eine Pilzvergiftung erleiden. Obwohl jedes Jahr zahlreiche Anfragen Kinder betreffen, essen diese nur selten große Mengen der Pilze, die sie in der Natur finden. Während Kinder lediglich probieren, verspeisen Erwachsene ganze Mahlzeiten. Das Horrorszenario ist ein Amateur, der einen giftigen Pilz für eine Delikatesse hält und Familie und Freunde zu einem großen Festessen einlädt. Leider fallen in diese Gruppe viele Zuwanderer. Mehr als die Hälfte der Menschen, die in Norwegen in den letzten Jahren Opfer einer schweren Pilzvergiftung wurden, haben einen Migrationshintergrund. Oft finden sie hier Pilze, die einer köstlichen und ungefährlichen Art in ihrer Heimat gleichen, und feiern den Fund mit einem großen Essen. Eine solch unheilvolle Verwechslung kann es beispielsweise zwischen einem Grünen Knollenblätterpilz und dem in Asien verbreiteten Dunkelstreifigen Scheidling, *Volvariella volvacea,* geben. Auch der Kegelhütige Knollenblätterpilz wurde schon für einen anderen weißen Pilz gehalten, den *Amanita chepangiana,* der in Südostasien vorkommt. Weil der Kegelhütige Knollenblätterpilz weder schlecht riecht noch schmeckt, schöpfen die Menschen keinen Verdacht. Selbst eine winzige Menge davon kann die Leberzellen schädigen. Wenn das Gegengift nicht wirkt, kann die Vergiftung zu Leberversagen und im schlimmsten Falle zum Tod führen.

Pilzvergiftungen sind aus naheliegenden Gründen schwer zu erforschen. Eine wichtige Ursache besteht darin, dass der »schuldige« Pilz nicht immer aufgehoben und identifiziert wurde. Die Giftnotrufzentrale bietet dennoch einige An-

Kegelhütiger Knollenblätterpilz, *Amanita virosa*

haltspunkte. In den Jahren 2010 bis 2014 meldeten die norwegischen Krankenhäuser 43 Fälle, bei denen der begründete Verdacht auf eine schwere Pilzvergiftung bestand. Sämtliche Betroffenen waren Erwachsene, unter ihnen gab es einen Todesfall wegen des Verzehrs eines Kegelhütigen Knollenblätterpilzes. Dies ist auch der Pilz, der im Laufe dieser Zeit am häufigsten irrtümlich verspeist wurde. Es ist eine Crux, dass die meisten Norweger problemlos einen Fliegenpilz erkennen, während der scheinbar unschuldige Kegelhütige Knollenblätterpilz eine viel größere Gefahr darstellt.

Ab und zu steckt hinter den Vergiftungen allerdings auch bloße Dummheit. Mir standen die Haare zu Berge, als ich die Geschichte von ein paar halbwüchsigen Jungs hörte, die sich an einem Pilz berauschen wollten, den sie für den Spitzkegeligen Kahlkopf, *Psilocybe semilanceata*, hielten. An einem lauen Sommertag fanden sie einige dieser vermeintlichen »Magic Mushrooms« auf einer Wiese und stachelten sich gegenseitig dazu an, so viele wie möglich davon zu essen, um eine möglichst starke halluzinogene Wirkung zu erleben. Zum Glück passierte nichts, weil sie den falschen Pilz erwischt hatten, aber eine solche Dummdreistigkeit ist ein Spiel mit dem eigenen Leben und kann einen schnell auf die Intensivstation bringen. Eine andere Geschichte, die mir zu Ohren kam, handelt von einem Mann, der bei einem Pilzsachverständigen anrief und ihm erzählte, dass er »in all den Jahren« das Gemeine Stockschwämmchen, *Kuehneromyces mutabilis,* auch *Galerina mutabilis* oder *Pholiota mutabilis,* gegessen hatte, ehe er erst kürzlich von dessen tödlichem Doppelgänger, dem Gift-Häubling, erfuhr. Letzterer enthält ein Zellgift, das die Zellen in Leber, Nieren, Herz und im Nervensystem schädigen kann.

»Was soll ich jetzt mit dem vermeintlichen Stockschwämmchen machen, das ich gerade gegessen habe?«, wollte er wissen. Leider ist nicht überliefert, was aus dem Mann wurde, der bislang eindeutig mehr Glück als Verstand gehabt hatte.

Auch in anderen Ländern gibt es abstruse Vorstellungen über Pilzgift. Als ich in den USA war, zeigte das Naturhistorische Museum in New York eine große Ausstellung über die Rolle von natürlichen Giften in Mythologie und Medizin. Wie man es von den Amerikanern kennt, war alles viel größer und spektakulärer als bei uns. Der Eingang zur Ausstellung war wie der Eingang zu einem Dschungel gestaltet. Wir hörten Urwaldgeräusche und wurden von den Museumsführern darauf vorbereitet, Schlangen, Skorpionen, Ameisen und anderen hochwirksamen Giftquellen aus der Natur zu begegnen. Wir sahen lebende Giftfrösche in Terrarien und Pflanzen, die so giftig waren, dass man bei Regen nicht unter ihnen stehen durfte, weil man sonst ein Ekzem davontrug. Die Pilze glänzten allerdings durch Abwesenheit. Als ich eine der Führerinnen danach fragte, zeigte sie mir ein lebensgroßes Modell von Shakespeares drei Hexen aus »Macbeth«, die gerade dabei waren, eine teuflische Suppe aus vielen widerwärtigen Zutaten zusammenzubrauen. In Amerika, der Heimat Hollywoods, wurde nicht an Bühneneffekten gespart. Aus dem Kessel stieg Rauch auf, während sie ihre Zaubersprüche murmelten. Neben dem Fuß der einen Hexe stand ein kleiner Fliegenpilz aus Plastik. Hier haben Sie eine »Falsche Morchel«, erklärte die Dame. Ich sah mich dazu gezwungen, sie darüber zu informieren, dass dieses lächerliche kleine Plastikding einen Fliegenpilz darstellte und keine Frühjahrs-Giftlorchel, im Englischen als *False Morel* bekannt. Meine große Ehrfurcht vor dem Museum, das die fantastischsten Dinosaurier beherbergt und in dem sich früher das Büro der berühmten Anthropologin Margaret Mead befunden hatte, verdampfte wie Pilzgift im Topf. Es wäre sogar möglich, eine ganze Ausstellung ausschließlich über Pilzgifte in Mythologie und Medizin zu machen, aber die Kuratorin war offenbar anderer Meinung gewesen. Dabei hätte das Museum dafür nicht einmal strapaziöse Exkursionen nach Südamerika unternehmen müssen, um giftige Tiere und Pflanzen zu importieren – man musste einfach nur durch den Haupteingang hinausspazieren und eine Pilzwanderung im Central Park unternehmen.

Nicht schwarz-weiß

Weil Geschmack und Gefallen nicht nur individuell, sondern auch kulturell bedingt sind, erstaunte es mich nicht, in anderen Ländern auch andere Einschätzungen zu Kategorien wie »genießbar« und »kein Speisepilz« zu finden. Ich war jedoch nicht darauf vorbereitet, internationale Abweichungen zu finden, wenn es um die Giftigkeit geht. Ich entdeckte, dass ein Pilz, der in Norwegen als giftig galt, in anderen Ländern ganz selbstverständlich verkauft und gegessen wurde – und umgekehrt. Wie war das möglich?

Ich besuche Professor Klaus Høiland an der Universität von Oslo und hoffe, bei ihm eine Antwort auf meine Frage zu finden. Er schmunzelt und sagt, was das Gift in Pilzen angehe, gebe es kein schwarz-weiß, sondern eher *fifty shades of grey*. Während sich die Experten aller Länder über die tödlich giftigen Pilzarten einig seien, fielen viele andere in eine Grauzone. Im Gegensatz dazu, was ich als naive Novizin glaubte, kann man den Giftgehalt eines Pilzes nicht einfach so bestimmen, was ich erschreckend und faszinierend zugleich finde.

Viele Pilzveteranen schwärmen von der Zeit, in der man unbehelligt seine Grünlinge essen durfte. Inzwischen wurde der Grünling auf der Normliste aus der Kategorie »genießbar« gestrichen und gilt nun als »giftig«. Schuld an dieser Änderung ist irgendein Franzose, der eine Pilzdiät machte, weil er abnehmen wollte. In seinem Eifer, die Pfunde zum Schmelzen zu bringen, aß er über einen längeren Zeitraum große Mengen von Grünlingen. Das hätte er besser nicht tun sollen, denn das Gift des Grünlings kann sich im Körper ansammeln und ablagern, bis dieser ganz plötzlich den Dienst quittiert. Ehe eine intensivere Forschung den Grünling freispricht, wird dieser Pilz aus der Kategorie »essbar« verbannt sein.

»Gibt es denn jemanden, der zu dem Thema forscht?«, fragte ich die Mykologiegelehrten. Ich erfuhr, dass es in Norwegen niemanden gab, der sich damit beschäftigte, aber meine Experten schienen darüber nicht sehr besorgt. Die Schlussfolgerung stand ohnehin fest: Solange der Pilz noch nicht vom Verdacht der Giftigkeit bereinigt war, galt er als nicht essbar und wurde folglich bei der Kontrolle aussortiert.

Ich hatte schon oft gehört, wie schmackhaft dieser Pilz war, mich aber nicht groß damit beschäftigt, ehe ich zum ersten Mal in meinem Leben in Østmarka Grünlinge fand. Hübsch anzusehen, gelb, aufrecht und prachtvoll standen sie in einem kleinen Grüppchen beisammen. Kein Wunder, dass ihr englischer Name *Yellow Knight* war und das lateinische Epitheton *equestre,* Ritter. Und schon steckte ich in einem Dilemma: Soll ich den Pilz essen oder nicht? Ein wenig zitternd trug ich sie nach Hause, postete in den sozialen Medien die Frage, ob jemand schon einmal Grünlinge probiert hatte, und erhielt prompt mehrere positive Antworten. Ich nahm meinen Mut zusammen und briet und aß einen Pilz, der wirklich gut schmeckte. Als ich einigen pilzfernen Freunden davon erzählte, fragten sie mich, wie ich reagiert hätte, wenn jemand bei der Pilzkontrolle einen ganzen Korb mit diesen wunderbaren Grünlingen angeschleppt hätte. Ganz zweifellos hätte ich die Pilze aussortiert, aber hätte ich sie womöglich heimlich zum eigenen Gebrauch »unter dem Tisch« aufgehoben? Zum Glück habe ich bisher noch nie in dieser Zwickmühle gesteckt.

Die Franzosen haben wie schon erwähnt eine restriktive Einstellung zu wilden Champignons, weil diese Cadmium und andere Schwermetalle enthalten. Hierzu sei gesagt, dass Raucher vier- bis fünfmal so viel Cadmium im Blut haben wie Nichtraucher und die zwei- bis dreifache Konzentration an Cadmium in den Nieren. Man kann darüber diskutieren, wie gefährlich die Menge an Cadmium in wilden Champignons in Norwegen tatsächlich ist, vermutlich ist jedoch das Rauchen die größere Gefahrenquelle. Allerdings sterben die meisten Raucher, soweit ich weiß, auch nicht an einer Cadmiumvergiftung,

In Großbritannien wiederum hat man eine andere Einstellung zu Täublingen als in Norwegen. Überrascht stellte ich fest, dass die Briten sie nur in Ausnahmefällen essen. Eines der beliebtesten Pilzbücher dort, *Mushrooms* von John Wright, empfiehlt nur fünf Täublinge zum Verzehr (den Frauentäubling, *Russula cyanoxantha,* den Grüngefelderten Täubling, *R. virescens,* den Zitronentäubling, *R. ochroleuca,* den Gelben Graustieltäubling, *R. claroflava,* sowie den Blaugrünen Reiftäubling, *R. parazurea).* Weil es vielen Menschen schwerfällt, diese fünf Arten auseinanderzuhalten, befolgen lokale Vereine wie die *Dorset Fungus Group* die Regel, sich lediglich auf den Frauentäubling zu beschränken. Als ich die Mitglieder der Gruppe bei ihrer jährlichen Pilzwanderung auf Brownsea Island begleiten durfte, erzählten sie mir, in den Ländern des Baltikums würden viel mehr Täublinge gegessen, und dort pflege man die seltsame Gewohnheit, diese Pilze roh zu probieren, um herauszufinden, ob sie essbar seien. Die milden Arten würden verspeist, die bitteren aussortiert. Ich konnte berichten, dass wir in Norwegen auch die »baltische Methode« anwendeten, um zu entscheiden, ob wir einen genießbaren Täubling gefunden hatten. Vielleicht bildete ich es mir nur ein, aber ich hatte den Eindruck, sie würden mich ein wenig befremdet ansehen, als ich ihnen von diesem tollkühnen Täublingstest berichtete.

Selbst in Norwegen und Schweden herrschen sehr unterschiedliche Auffassungen und Herangehensweisen. Ein Beispiel dafür sind die Schleierlinge: In Norwegen halten wir uns von dieser Gattung fern (mit Ausnahme des Reifpilzes, *Cortinarius caperatus),* während sich die Schweden bedenkenlos den Gestiefelten Schleimkopf, *Cortinarius triumphans,* und andere suspekte Schleierlinge in den Mund schieben. In den sozialen Medien posten stolze Schweden Angeberfotos von Körben voll mit Gestiefelten Schleimköpfen und Geschmückten Gürtelfüßen. Diese werden bei den Norwegischen Pilzkontrollen ohne Zögern weggeworfen.

Allerdings gibt es solche Beispiele auch umgekehrt: In Norwegen isst man den kleinen, aber hübschen Violetten oder Amethystblauen Lacktrichterling, der in Schweden als ungenießbar gilt. Dort meint man, er könne Arsen enthalten. Hier in Norwegen hat mir ein respektierter Pilzveteran sogar ein Rezept gegeben, in dem just dieser Pilz vorkommt. Für das Gericht »Verhexte Pilze« verwendet man Violette und Rote Lacktrichterlinge, Echte Pfifferlinge und Trompetenpfifferlinge sowie Wermut, Zimt und Nelken. Die »Verhexten Pilze« dienen als raffinierte Garnitur für Eis oder andere Desserts. In einem Haushalt, der dem Alkohol nicht ganz so streng gegenübersteht, kann man sie sogar Kindern servieren. Um das vermeintliche Arsen im Violetten Lacktrichterling sorgt sich in Norwegen niemand. Man sollte meinen, es müsste leicht herauszufinden sein, ob der Violette Lacktrichterling tatsächlich Arsen enthält oder nicht. Und ob die Menge an Arsen, wenn es vorhanden ist, wirklich eine Gefahr darstellt. Und genauso sollte man feststellen können, ob auch Norweger Gestiefelte Schleimköpfe und Geschmückte Gürtelfüße vertragen – so wie anscheinend die Schweden. Grundsätzlich scheint die Frage, ob ein Pilz giftig ist oder nicht, nicht nur davon abzuhängen, welche Stoffe er tatsächlich enthält, sondern auch, welche Einstellung ein Land zu verschiedenen potenziell giftigen Stoffen hat.

Ich habe ganz unterschiedliche Strategien – und damit auch Risikoanalysen – beobachtet: Manche Norweger verzehren nur Champignons aus Wald und Wiese, um die mögliche Gefahr einer Cadmium-Einnahme einzudämmen, während andere der Meinung sind, heutzutage könne man Champignons sogar an einer vielbefahrenen Straße sammeln. Wieder andere wählen einen Mittelweg und entfernen die Lamellen, weil sie angeblich das Cadmium enthalten. Ob das tatsächlich hilft, konnte mir bisher niemand bestätigen. Fest steht jedoch, dass wir uns in einer Grauzone bewegen und verschiedene Nationen und Individuen unterschiedliche Auffassungen in Bezug auf ein Vergiftungsrisiko vertreten. In letzter Instanz basiert die Entscheidung auf dem persönlichen Risikoprofil eines jeden Sammlers.

Einer meiner persönlichen Favoriten ist der Riesenchampignon, den die Franzosen meiden. Nachdem ich meinen ersten probiert hatte, war ich verloren. Noch dazu habe ich als Nichtraucherin von vornherein niedrige Cadmium-Werte, sodass ich mir darum keine Gedanken machen muss. Im Vergleich dazu sind die Zuchtchampignons aus dem Supermarkt fad und nichtssagend. Sie riechen auch nach nichts, wohingegen die wilden Champignons herrlich duften. Wie süße Bittermandelessenz. Fast wie Kekse.

Im Fluss

Eiolf liebte es, in unserem Schrebergarten Unkraut zu jäten. Er konnte das stundenlang tun, ohne Musik im Ohr oder die vielen Ablenkungen des Internets. Wenn er am Jäten war, widmete er sich dieser Aufgabe mit Leib und Seele. Er war ein Meister darin, im Jetzt zu sein, im Fluss. Vielleicht übte er deshalb auch eine so magische Anziehungskraft auf kleine Kinder und Tiere aus.

Idealisiere ich Eiolf jetzt, wo er nicht mehr da ist? Ich glaube schon, das Prisma des Verlusts verzerrt die Erinnerungen. Manche Eigenschaften werden vergrößert, während andere verschwinden. Eines aber ist sicher. Im Gegensatz zu mir hetzte er nicht ständig von einer Verabredung oder Aufgabe zur nächsten. Er war auf eine ruhige Weise zugegen, wo auch immer er sich befand. Menschen, die uns nahestehen, sagen gern, dass ich für Action und Handlung stand, Eiolf für Coolness und Entspanntheit.

Als nach einer längeren Trockenperiode endlich der heiß ersehnte Regen kam, begann alles auf unserem kleinen Fleckchen Garten zu wuchern. Ich konnte das Jäten nicht länger hinauszögern. Zu meinem Erstaunen war es eine schöne Aufgabe, viel angenehmer als erwartet und lange nicht so öde wie gedacht. Es tat gut, nur eine Sache zur Zeit zu machen. Und noch dazu war es herrlich, auf dem weichen Gras zu sitzen, den parfümähnlichen Duft von Pfingstrosen, Pfeifensträuchern und Oregano zu riechen, das Summen der Hummeln zu hören und die flatternden Schmetterlinge zu sehen. Als ich den Reiz des Jätens für mich entdeckt hatte, kam ich zu dem Schluss, dass es als Trauertherapie unterschätzt wird. Nicht nur, weil es eine so konkrete Tätigkeit ist und das Ergebnis sofort sichtbar, sondern auch, weil man etwas Neues erlebt, wenn man seine Vorbehalte überwindet und etwas in Angriff nimmt. Ja, man kann schlicht und ergreifend einen neuen Blick auf die Dinge gewinnen und so zu einem neuen Menschen werden.

Ich musste an Pilzwanderungen denken, bei denen man denselben Weg zurück nimmt. Dann fällt das Licht manchmal anders, und man findet einen Pilz, den man vorher übersehen hat. Manchmal handelt es sich um ein richtiges Prachtexemplar. Der Komponist John Cage war ein eifriger Pilzsammler. Er verglich die Entdeckung eines gut versteckten Pilzes damit, schönen, leisen Klängen zu lauschen, einer stillen Symphonie, die allzu oft vom Lärm des Alltags übertönt wird. Ein neuer Blickwinkel ermöglicht neue Entdeckungen – und beglückende Erlebnisse, wenn man am wenigsten damit gerechnet hat.

Es ist nicht ungewöhnlich, mit einem fast leeren Pilzkorb nach Hause zu kommen. Trotzdem ziehe ich immer wieder los, nicht nur, um mein Glück zu suchen, sondern auch, weil die mehr oder weniger »pilzlosen« Wanderungen ebenfalls einen Sinn haben. Ich starte meistens ganz optimistisch mit meinem größten Korb und erfreue mich am Ende mitunter an etwas ganz anderem. So kann es sein, dass ich einen »mykologisch interessanten« Pilz finde oder einen neuen Wald entdecke, in dem ich später in der Saison etwas Spannendes finden könnte, oder dass mir ein gutes Foto von einem Pilz gelingt. Wir Pilzsammler gehen nämlich auch mit der Kamera auf Beutejagd. Selfies mit einem schönen Fund sind in der Szene sehr beliebt. Die Fotos von unseren Jagderfolgen sind unsere Trophäensammlung. Pilzlose Ausflüge können auch aus dem einfachen Grund schön sein, dass man sich in die Natur begibt. »Pilzglück«, so habe ich nach und nach herausgefunden, ist deshalb viel mehr als nur ein voller Korb.

Wenn man in die Pilze geht, kommt es nicht darauf an, in möglichst kurzer Zeit möglichst viele Kilometer zurückzulegen. Ein Freund von mir benutzt die App Runkeeper, um seine besten Fundstellen zu dokumentieren und wieder zum Parkplatz zurückzufinden, und wird dafür von seinen Kollegen belächelt, die dieselbe App nutzen, um zu sehen, wie schnell und wie weit sie laufen. Auf den Karten meines Freundes sind die zurückgelegten Strecken ein großes Knäuel.

Als frisch gebackene Pilzsammlerin und Witwe habe ich allerdings gelernt, dass man für seine Suche nicht nur konkrete GPS-Koordinaten braucht. Ebenso wichtig ist die eigene Einstellung. Am meisten wird man dafür belohnt, in der Gegenwart zu leben. So lässt sich die Bedeutung von Glück ausweiten.

Auf die Frage, wo man denn Pilze findet, könnte man ganz lapidar antworten: »Im Wald.« Doch was hilft das dem armen Neuling, der so gern mehr erfahren würde. Wenn man seine GPS-Daten nicht weitergeben, aber trotzdem helfen möchte, sollte man Folgendes raten: Geh in den nächstgelegenen Wald. Versuche für einen Moment deine Alltagssorgen zu vergessen, während du den Wald kennenlernst und er dich. Versuche seinen Rhythmus zu finden. Lasse den Wald zu einem Teil von dir werden. Wenn dir das gelingt, hast du die nötige Ruhe gefunden, und dein Puls sinkt. Du befindest dich im Sammlermodus. Lausche dem Zwitschern der Vögel. Rieche die Essenzen des Waldes und die Mischung aus dunkler Erde und leichten Blumendüften. Spüre die weiche Moosdecke unter deinen Füßen. Probiere ein Waldsauerkleeblatt und spüre, wie dein Appetit erwacht. Nun senke den Blick und richte all deine Aufmerksamkeit auf den fruchtbaren Waldteppich mit seinen Hunderten Grünschattierungen: Moos, Flechten, Farne und Blätter. Schärfe deinen Pilzblick und fokussiere ihn. Siehst du etwas, das eine andere Farbe als Grün hat? Versteckt sich unter trockenen, braunen Blättern, Ästen und Nadeln etwas, das dich vorsichtig anschaut?

Die Spuren des Lebens

Wir treffen Entscheidungen als Nationen. Wir treffen Entscheidungen als Individuen. All unsere Entscheidungen hinterlassen Spuren.

Welche Spuren hinterlassen wir? Weil ich in einer ehemaligen britischen Kolonie aufgewachsen bin, stand dort das Gedicht *Ozymandias* auf dem Lehrplan. Es handelt von Ramses II. von Ägypten, auch als Ozymandias bekannt, und wurde 1817/1818 von Percy Bysshe Shelley geschrieben. Ab und zu taucht es in meiner Erinnerung auf:

My name is Ozymandias, king of kings:
Look on my works, ye Mighty, and despair!

Nur diese wenigen Worte zieren die zerstörte Königsstatue, die halb im Sand versunken war. Ruhm und Ehre sind vergänglich, und selbst Denkmäler aus noch so robusten Materialien haben die traurige Tendenz, im Laufe der Zeit zu zerfallen. In der Wirtschaft spricht man von Wertschöpfung. Das ist etwas ganz anderes als die Werte, die von uns bleiben, wenn wir aus dem Leben scheiden.

Bei Eiolf waren das unter anderem die Beziehungen, die er zu anderen pflegte, nicht nur zu seinen nächsten Angehörigen, sondern auch zu vielen anderen, die weit außerhalb dieses Kreises standen. Eine Frau aus der Bürokantine schrieb ins Gedenkbuch, Eiolf sei einer der wenigen dort gewesen, der mit den »Kantinendamen« geredet habe. Sie dankte ihm dafür. Ein Jahr nach Eiolfs Tod besichtigte ich aus beruflichen Gründen ein Wohnprojekt. Es war ein Gebäude, an dessen Bau Eiolf seinerzeit als Architekt beteiligt gewesen war. Der Mitarbeiter, der uns herumführte, erwähnte ihn namentlich und erzählte sehr warmherzig von der Zusammenarbeit mit ihm, ohne zu wissen, wer ich war. Als ich das so völlig unvorbereitet hörte, schnürte sich mir plötzlich der Hals zu. Architekten haben natürlich den Vorteil, dass sie etwas Konkretes hinterlassen. Gebäude, die die Gedanken und Linien ihres Schöpfers in sich tragen; konserviert und wahrnehmbar, lange nachdem der Architekt selbst nicht mehr da ist. Eiolfs Gebäude umarmen und trösten mich jedes Mal, wenn ich sie besuche.

Der gute Ruf, den wir hinterlassen, ist etwas, das für kein Geld der Welt gekauft oder für immer in Stein gemeißelt werden kann. Es ist etwas, das wir Tag für Tag aufbauen, im Umgang mit den Menschen, die uns umgeben. Dank Eiolfs Großherzigkeit gegenüber seinen Mitmenschen war ich die Witwe eines guten Mannes. Es tröstet mich immer, kleine Geschichten darüber zu hören, was er getan oder gesagt hat. Ich bin immer wieder erstaunt, wie viele Menschen Eiolf berührte. Das gilt auch für die Kinder, für die oder mit denen gemeinsam er gern etwas zeichnete. Wer solche Werte hinterlässt, lebt auch nach seinem Tod weiter. Ich hüte die Geschichten über Eiolf wie seltene Smaragde.

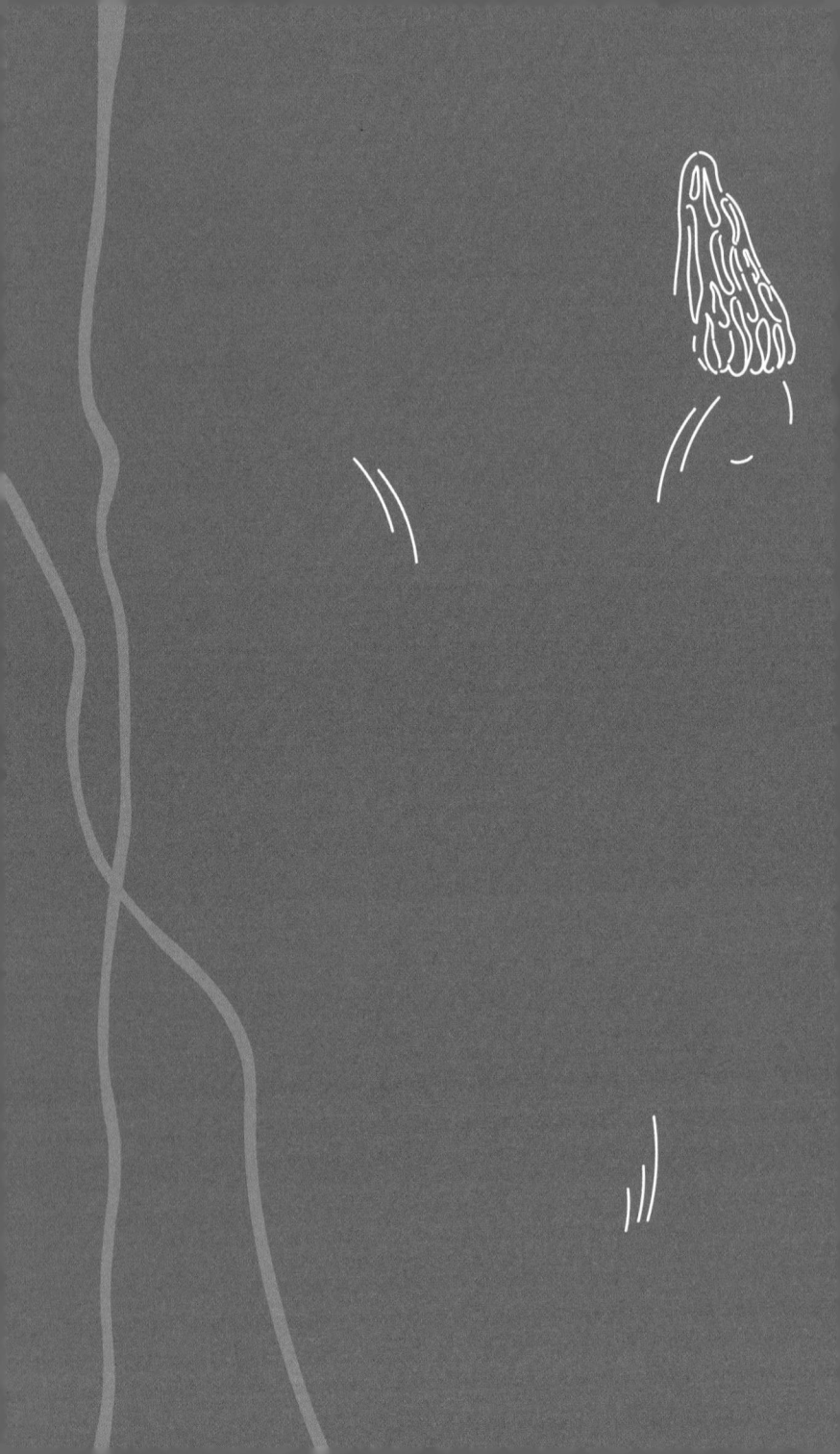

Spitzmorcheln:
Die Diamanten
unter den Pilzen

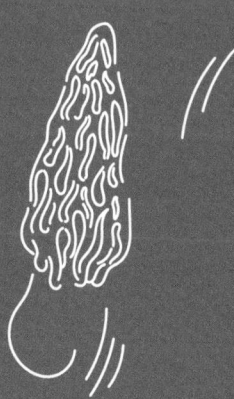
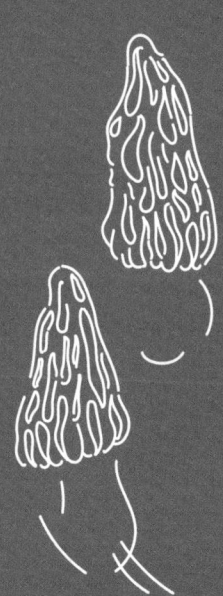

In der ersten Zeit war ich sehr mit der Frage beschäftigt, wie Eiolf einfach so hatte umfallen und sterben können. Warum hatte ich nicht gewusst, dass er krank war? Was hätten wir tun können? Was hatte der Arzt übersehen? Ein Bekannter bot an, einen genaueren Blick auf Eiolfs Krankenakte zu werden. Er war auf das spezialisiert, was Eiolf das Leben gekostet hatte. Anfangs hatte ich dankend angenommen, weil ich so viel wie möglich wissen wollte, kurz darauf aber das Interesse verloren, weil es nichts geändert hätte. An dem Wissen, was wir zu einem früheren Zeitpunkt hätten tun können, wäre ich nur verzweifelt. Eiolf war schließlich schon tot.

Der Pilz, der meine persönliche Top 5-Liste anführt, ist die Spitzmorchel, *Morchella elata* oder *Morchella conica*. Sie sieht nicht gerade appetitlich aus, ungefähr so wie ein vertrocknetes Gehirn auf einem Stiel. Pilzjäger versetzt sie jedoch in Euphorie, weil sie eine ausgewiesene Delikatesse ist. Die Spitzmorchel gehört zur Gattung der Morcheln, und das Norwegische Etymologische Wörterbuch vermutet, der Name rühre daher, dass der Pilz einer Möhre ähnele, und sei abgeleitet von ihrer althochdeutschen Bezeichnung *morhila* wie *moraha, more*. Im englischen Volksmund heißt die Spitzmorchel auch *true morel*. Selbst meine Veteranen aus dem Verein in Oslo bestätigen, wie selten sie sind, ein Herr von über achtzig Jahren erzählt, in seiner langen Sammlerkarriere habe er nur dreimal welche gefunden.

Viele Pilzfreunde finden nie eine Spitzmorchel und müssen sich damit begnügen, die Funde anderer in den sozialen Medien zu »liken«.

Auch ich selbst hatte lange nur Morcheln gegessen, die ich für teures Geld hatte kaufen müssen, und mich gefragt, ob es mir wohl jemals vergönnt wäre, ihnen in der freien Wildbahn zu begegnen.

Auf Spitzmorcheljagd in New York

Meine amerikanische Freundin R hortet in ihrem Küchenschrank getrocknete Spitzmorcheln. Immer, wenn ich die Tür öffne, werde ich von dem verlockenden starken Aroma überwältigt, obwohl die Pilze sicher in einem verschlossenen Glasbehälter verwahrt werden. Der Duft der Spitzmorchel ist intensiv und hat etwas Animalisches und Primitives an sich. Vielleicht ist das nicht verwunderlich, denn dieser Pilz – so schreibt Gro Gulden in der Zeitschrift *Pilze und Nutzpflanzen,* unserem Vereinsblatt – existiert schon seit 130 Millionen Jahren und lebte in friedlicher Koexistenz mit den Dinosauriern. Ihr Geruch kann selbst bei jemandem, der ihn gar nicht einzuordnen weiß, heftiges Verlangen wecken. R hebt die Spitzmorcheln für einen ganz besonderen Anlass auf. Und bevor dieser Anlass gekommen ist, wird man jedes Mal beim Öffnen ihres Küchenschranks mit diesem überirdischen sensorischen Erlebnis konfrontiert.

Ein befreundeter Koch erzählt mir, das teuerste Gericht im Restaurant sei ein Rinderfilet mit Morcheln, und man habe ihn und seine Kollegen streng dazu angehalten, nicht mehr als eine Morchel pro Portion zu verwenden. Die eine Hälfte wird klein gehackt und kommt in die Sauce, mit der anderen wird das Fleisch garniert. Wie das Beispiel zeigt, braucht man nicht kiloweise Morcheln, um einem Gericht einen besonderen Pfiff zu verleihen. Sie sind zwar teuer, entfalten dafür aber auch schon in kleinen Mengen eine große Wirkung.

Die Spitzmorchel erscheint im Frühjahr, wie ein Signal dafür, dass die Natur wieder zu neuem Leben erwacht. Zu dieser Zeit, in der Morchelsaison, besuchte ich R in New York. Es war Mai, aber immer noch kalt. Die frisch erblühten rosa Magnolien sahen etwas verfroren aus, als hätten sie sich um ein oder zwei Wochen verfrüht. R und ich packten uns warm ein und fuhren mit ihrem Auto zu einem Ort am Hudson River, den wir – nachdem wir vorsichtig bei den Experten Erkundigungen eingeholt hatten – für besonders aussichtsreich hielten. Während der Fahrt schwiegen wir, aber ich glaube, wir waren beide von einer wachsenden Hoffnung erfüllt. Was für eine Vorstellung, in New York Spitzmorcheln zu finden! Das wäre eine tolle Geschichte. Ich stellte mir schon bildlich vor, wie die anderen Pilzfreunde vor Neid erblassten.

Wir waren früh aufgebrochen und begegneten kaum Menschen. Der Waldboden war mit altem Laub und dünnen Zweigen bedeckt. Es herrschte eine hohe Luftfeuchtigkeit, die Wege, auf denen wir herumstapften, waren ein wenig feucht und die Blätter des Vorjahres glitschig. Die flüchtigen Aromen von fremden Bäumen und Sträuchern erfüllten die klare Frühlingsluft. Wir waren beide sehr konzentriert, und keine von uns sagte etwas. Auf der einen Seite des Waldes konnten wir unser Auto erkennen, auf der anderen Reihen von Mehrfamilienhäusern. Wir hörten die Geräusche der Stadt, Verkehrslärm und Hundegebell, und trotzdem waren wir zweifelsohne in einem Wald, einem urbanen Wald mitten in New York. Trotzdem war es ganz anders, als durch einen norwegischen Wald zu gehen, wo man die Stille und die intensiven Gerüche des Werdens und Verfallens so sehr genießen konnte, dass die Zivilisation schnell zu einer fernen Erinnerung werden kann.

Wir hatten in Büchern und im Internet nachgeschlagen, wie eine Holländische Ulme aussieht, denn die Amerikaner raten dazu, die Spitzmorcheln unter diesem Baum zu suchen. Auch Langdon Cook schreibt in seinem Buch *The Mushroom Hunters,* dass professionelle Sammler diese Verbindung hergestellt haben. Nancy Smith Weber bestätigt in ihrem *A Morel Hunter's Companion* die Bedeutung der Ulmen, ergänzt aber, auch Buchenwälder mit Einschlägen von Ahorn, Kirschen, Eschen und ebenjener Ulme seien klassische Jagdgebiete. Und während das Ulmensterben eine

Tragödie für Wälder, Parks und Straßen sei, könnten die Pilzfreunde gerade unter diesen verlorenen Exemplaren mit Spitzmorcheln rechnen. Weber berichtet, die Ulmenkrankheit hätte im Staat Michigan einen wahren Spitzmorchelboom ausgelöst, der über mehrere Jahre anhielt. Während die Verbindung von Pilz und Ulme bei den Amerikanern in Fleisch und Blut übergegangen zu sein scheint, ist man in Norwegen der festen Überzeugung, man könne Spitzmorcheln keinesfalls mit einer bestimmten Baumart in Verbindung bringen, weil sie als Saprophyten von toten Pflanzenresten leben. Das Interessante an solchen anerkannten Pilzweisheiten anderer Länder ist immer, dass sie unsere eigenen vorgefassten Ideen auf den Prüfstand stellen.

Nachdem wir einige Stunden unterwegs gewesen waren, mussten wir leider ein wenig widerstrebend feststellen, dass die Wälder am Hudson an jenem kühlen Frühlingsvormittag keine Morcheln zu bieten hatten. Der einzige Gewinn des Ausflugs bestand darin, die holländische Ulme kennenzulernen. Verfroren und mit leeren Körben fuhren wir in die Wohnung zurück. Aus den Fenstern strömte ein warmes Licht, als wir uns näherten. Es war schön, wieder in geheizte Räume zu kommen, nachdem wir in der Hoffnung auf unseren Traumfund so lange in der Kälte durchgehalten hatten.

Zum Trost beschloss R, es sei jetzt an der Zeit, die getrockneten Morcheln aus dem Schrank zu holen, sie zuzubereiten und, mit einem Gebet für besseres Sammlerglück, zu verspeisen. Den Rest des Tages tranken wir heißen Tee, der uns wärmte, und blätterten in unseren Kochbüchern, um unsere Mahlzeit zu planen. Während wir die Rezepte diskutierten, kamen wir schnell auf frühere Pilzfunde zu sprechen.

Ob in den USA oder in Norwegen: Alle Pilzfreunde werden selig, wenn sie noch einmal die Höhepunkte ihrer Sammlerkarriere durchleben. Umstände, Daten, Orte und Arten, all das ist Teil der Erzählung über historische Funde, die viele Jahr(zehnt)e zurückliegen können. Um jeden Pilz ranken sich Geschichten und Anekdoten, sodass die anderen sich schnell in den Wald, die Atmosphäre und den Kontext des bedeutenden Fundes hineinversetzen können.

Ein Höhepunkt im Leben eines jeden Sammlers ist es, einen seltenen Pilz zu finden. Während einzelne Arten als »vom Aussterben bedroht« gelten, sind manche bereits »regional ausgestorben«. Findet man einen besonderen Pilz, der noch dazu in eine dieser Kategorien fällt, breitet sich die Nachricht schnell in der Szene aus. Manche nehmen weite Wege auf sich, um das Wunder mit eigenen Augen zu bestaunen, wenn sie von einer solchen Entdeckung erfahren. Eine Bekannte fuhr 600 Kilometer weit, um einen Leuchtenden Prachtbecherling, *Caloscypha fulgens,* in seiner natürlichen Umgebung zu erleben. Sie fasste das Erlebnis lächelnd und zufrieden zusammen, indem sie sagte: »Wir Pilzverrückte haben es schon gut.«

Meinen spektakulärsten Fund machte ich nicht in Norwegen, sondern in den USA. Es war am letzten Tag des

Telluride Mushroom Festivals. Gary Lincoff, mit dem ich schon die Wanderung durch den Central Park gemacht hatte, begutachtete alle Pilze, die an dem Tag gefunden wurden. Weil ich ein wenig erschöpft war, setzte ich mich währenddessen auf einen großen Stein in der Nähe. In dem Moment fiel mein Blick auf zwei weiße, ziemlich große Pilze im Gras. Als ich sie herausdrehen wollte, sah ich, dass sie Steinpilzen glichen, aber ein bisschen zu hell dafür waren. Ich zeigte sie Lincoff, der einen Freudenschrei ausstieß und sich kaum halten konnte. Meine Entdeckung war ein mykologisches Ereignis, und ich wurde gezwungen, einen der Pilze abzugeben und »der Wissenschaft zu überlassen«. Den kleineren, schöneren, durfte ich zum Glück behalten. Allem Anschein nach war es ein *Boletus barrowsii,* auf Englisch auch *White King Bolete.* Das Sensationelle an meinem Fund war, dass man diesen Pilz nicht in Telluride vermutet hätte, weil man bislang geglaubt hatte, das Klima sei dort zu rau. Aber das war, bevor *ich* ihn fand.

»Wie heißen Sie mit Nachnamen?«, fragte mich einer der wissenschaftlichen Verantwortlichen. Ich sah ihn fragend an.

»Wenn sich herausstellt, dass Sie eine neue Art entdeckt haben, wird sie nach Ihnen benannt«, erklärte er.

Mein Fund war so außergewöhnlich, dass Lincoff ihn sogar auf dem Abschlussvortrag des Festivals erwähnte. In ein paar Monaten würde man mir das Ergebnis der DNA-Untersuchung mitteilen, so wurde mir versprochen. Da ich bisher nichts gehört habe, nehme ich stark an, dass ich lediglich zu der Erkenntnis beigetragen habe, dass der *Boletus barrowsii* auch in Telluride, Colorado, wächst, aber keine neue Art für die Wissenschaft entdecken konnte.

Ab und zu habe ich den Eindruck, dass die *rites de passage* des Pilzsammlers beinahe mit den großen Lebensereignissen mithalten können. Das erste Mal eine Spitzmorchel zu finden ist ein typisches Ereignis, das einen solchen Übergang kennzeichnet. Dann wird man in die exklusive Gesellschaft derer aufgenommen, die schon einmal in der freien Natur eine Spitzmorchel gefunden haben.

R und ich einigten uns schließlich auf *Chicken la Tulipe,* ein Rezept aus der ehrwürdigen New York Times. In der Einleitung schreibt der Journalist, dieses Gericht sei etwas für einen Mann, der seine Angebetete bekochen wolle. Es stammt also aus einer Zeit, in der man noch davon ausging, dass alle heterosexuell wären und dass Männer und Frauen unterschiedlich kochen würden. An dem Rezept war aber trotzdem nichts auszusetzen.

Zunächst heizt man den Ofen auf 180 Grad vor und weicht währenddessen 40 Gramm getrocknete Spitzmorcheln in 2 Esslöffeln Cognac ein. Nach einer Viertelstunde die Flüssigkeit durch ein Sieb abgießen, beiseitestellen und die abgetropften Pilze fünf Minuten lang in einem Esslöffel Butter anbraten. Schon an dieser Stelle lässt sich erahnen, wie köstlich es weitergeht. 200 Milliliter Sahne zu den Morcheln geben und sie bei kleiner Hitze köcheln lassen, bis die Soße um die Hälfte reduziert ist, einen halben Teelöffel

Salz und ein bisschen Cayennepfeffer dazugeben. Jetzt ist das Hähnchen an der Reihe, das mit einem Esslöffel Butter, etwas Salz und Pfeffer eingerieben wird. Mit den gebratenen Morcheln füllen und 20 Minuten lang mit der Brust nach oben im Ofen garen. Anschließend wendet man das Geflügel ein letztes Mal und gart es weitere 20 Minuten, ehe es ein letztes Mal umgedreht wird und für 30 Minuten in der Röhre bleibt. Das Fleisch ist gar, wenn der austretende Fleischsaft klar ist. Das Hähnchen herausnehmen, um es ruhen zu lassen, und die Morcheln entfernen. Den Bratensaft in einen kleinen Topf geben, 60 Milliliter Weißwein, etwas Cognac, die Morcheln aus dem Hühnchen und 140 Milliliter Sahne hinzufügen und das Ganze fünf Minuten köcheln lassen. Zu guter Letzt wird das Hähnchen in 8 Teile zerlegt und mit der Sauce übergossen, die unsere gute Erziehung auf die Probe stellt, weil sie zu Schlürfen und Fingerablecken verleitet. Die Morcheln waren sehr gut, aber sie wären zweifelsohne noch besser gewesen, hätten wir sie selbst am Hudson River gefunden.

Die Morcheln gehören zu den Schlauchpilzen, die ihre Sporen in den Schläuchen bilden und nicht in den Lamellen unter dem Hut oder anderswo. Dasselbe gilt auch für unterirdische Trüffel. Diese Tatsache ist allerdings vor allem für jene interessant, die Pilze danach sortieren, wie sie ihr Sporenpulver verbreiten und sich vermehren. Die meisten Menschen kennen Spitzmorcheln und Trüffeln vor allem, weil sie sehr begehrte Speisepilze sind, was sich nicht zuletzt in ihrem Preis niederschlägt. Etymologisch geht ihr Name auf das französische Wort *trufle* zurück, das auf einem Umweg über das Altprovenzalische vermutlich vom Lateinischen *tuber, Knolle, Geschwulst* abstammt. Die unterirdischen Knollen werden von eigens darauf abgerichteten Schweinen oder Hunden aufgespürt. Die exklusive weiße Trüffel kann zwischen 3000 und 9000 Euro kosten, die weiter verbreitete schwarze Trüffel zwischen 1000 und 3500 Euro. Wenn die schwarze Trüffel das Gold der Pilzwelt ist, ist die weiße der Diamant. Bei diesen Preisen verwundert es nicht, dass man einen messerscharfen Trüffelhobel verwendet, dem Käsehobel nicht unähnlich, um hauchdünne Scheibchen abzuschneiden. Ein bekannter norwegischer Spitzenkoch soll aber gesagt haben, man brauche nicht mehr als zehn Gramm weiße Trüffel pro Kopf, um in der Küche die reinste Magie zu erzeugen.

Getrocknete Spitzmorcheln sind im Vergleich günstiger und schon ab 450 Euro das Kilo zu haben. Wer schon einmal geschmorte Spitzmorcheln probiert hat, kann diesen Preis nachvollziehen. Der Duft dieser Delikatessen, die in Butter, Sherry und Sahne schmoren, lockt die Leute aus dem ganzen Haus in die Küche. Ein Freund, der zum ersten Mal Spitzmorcheln kostete, verglich sie mit Konfekt.

In den USA gibt es sogar ganze Wettbewerbe und Festivals zu Ehren der Spitzmorchel. Wer findet die erste und größte Morchel des Jahres? Wer findet die meisten? Wer ist der dies-

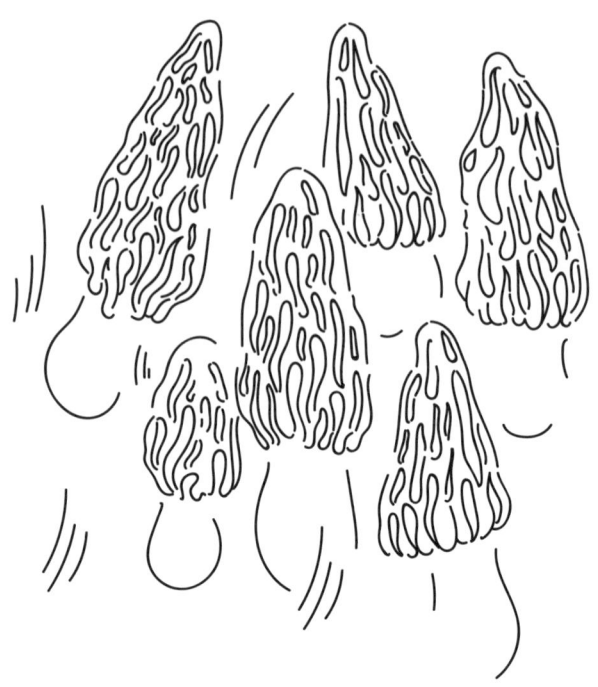

Spitzmorchel, *Morchella conica*

jährige Spitzmorchelmeister der Nation? Es gibt virtuelle Karten der USA, auf denen man jedes Frühjahr die langsame, aber sichere Ankunft der Spitzmorchel in den Wäldern in seiner Nähe verfolgen kann. Für den Staat Michigan, der für seine Spitzmorcheln bekannt ist, dient der Pilz als Einnahmequelle, weil er die Touristen zu einer Zeit anlockt, in der ansonsten nicht viel los ist in der Region. Und die New York Mycological Society arrangiert jedes Jahr eine Spitzmorchelwanderung für ihre Mitglieder. In der übrigen Saison bietet der Verein offene Führungen für Nichtmitglieder an, die eine symbolische Summe für dieses Erlebnis zahlen, aber dieses Prinzip gilt nicht für die Spitzmorchelwanderung. Das größte Abenteuer der New York Mycological Society ist den Mitgliedern vorbehalten. Meine Freundin R war schon mehrmals dabei und hat erzählt, dass man von dieser Wanderung meistens mit leeren Händen zurückkehrt. Dafür endet sie immer bei einem der Pilzfreunde zu Hause, der alle zu einer warmen Mahlzeit einlädt, und das soziale Beisammensein entschädigt für die ausbleibenden Funde und läutet gleichzeitig symbolisch den Beginn der Pilzsaison ein.

In der Nacht nach meiner Ankunft in New York träumte ich von Eiolf. Wir waren mit ein paar Freunden zusammen in einem altmodischen Vergnügungspark. Für einen kurzen Augenblick fesselte irgendetwas meine Aufmerksamkeit, und als ich mich wieder umdrehte, war Eiolf verschwunden. Innerhalb einer Sekunde war er verschwunden, und wir liefen durch den Park und riefen und suchten nach ihm, doch er war nicht mehr zu sehen. Es war fast so, als hätte er kurz vorbeigeschaut, um Hallo zu sagen. Die Freunde, die ich in New York besuchte, hatten wirklich das Gefühl, er wäre auf irgendeine Weise mit uns zusammen. Eiolf war tot, aber immer noch Teil unserer Gemeinschaft. Er war nicht bei mir, aber auch nicht ganz weg. Ich finde ihn immer irgendwo wieder, auch in New York.

Hipstermorcheln

Spitzmorcheln sind Meister der Tarnung. Es gibt sie in Beige, Braun, Grau und Schwarz, also nicht gerade Farben, die in einer knochentrockenen, noch winterlich anmutenden Landschaft mit alten Zweigen, Moos, Gräsern und Blättern in denselben Tönen danach schreien, gefunden zu werden. Wenn man am Fuße eines Hanges steht, kann man bei guten Lichtverhältnissen manchmal die Silhouette einer Morchel aufragen sehen. Findet man eine, sollte man auch die Natur in der näheren Umgebung studieren, weil Spitzmorcheln gern in Gruppen wachsen. Außerdem ist es schlau, die scheinbar uninteressanten, welken Blätter genauer zu inspizieren, weil die Morcheln gern darunter hervorlugen. Im Grunde geht man nach derselben Methode vor wie sonst auch beim Pilzesammeln, man muss seinen Blick nur noch mehr schärfen.

Als die Gartencenter anfingen, Rindenmulch für Blumenbeete zu importieren, verbesserten sich damit auch die Lebensbedingungen der Spitzmorcheln in Norwegen. Jetzt ist es möglich, Spitzmorcheln in privaten Gärten, öffentlichen Blumenbeeten, auf bepflanzten Verkehrsinseln oder sogar am Rand von Skischanzen zu finden. Das heißt noch lange nicht, dass die Spitzmorchel überall ist, aber die Chancen, sie zu finden, sind auf jeden Fall deutlich gestiegen.

Ich weiß, dass es albern ist, Pilzen menschliche Eigenschaften zuzuordnen, und trotzdem könnte man leicht auf die Idee kommen, die Pilze allgemein und die Morcheln im Speziellen würden mit uns Verstecken spielen. Oft findet man einen Pilz, nach dem man den ganzen Tag gesucht hat, am Ende direkt neben dem eigenen Auto. Manchmal kommt es mir so vor, als könnte ich den Pilz kichern hören, wenn wir uns dann schließlich begegnen. Aus seiner Sicht haben wir uns nicht besonders schlau angestellt.

Wo es so viele unberechenbare Variablen gibt wie bei der Pilzsuche, neigt man schnell einmal zum Aberglauben. Ich habe schon beobachtet, wie ansonsten sehr rationale Menschen bewusst den kleinsten Korb vom Rücksitz des Autos greifen, wenn sie die Suche beginnen, um ihr Pilzglück nicht »herauszufordern«. Manchmal wird der Korb gar nicht erst mitgenommen, weil man denkt: Je schlechter die Vorbereitung, desto größer das Pilzglück. Wenn man selbst einmal auf ein ganzes Feld mit Pilzen gestoßen ist, auf dem ein heiß begehrtes Exemplar neben dem anderen steht, so weit das Auge reicht, ohne einen Korb dabei zu haben, kann man allerdings auch durchaus abergläubisch werden.

Es vergingen mehrere Jahre, ehe ich meine erste Spitzmorchel finden sollte. Ich erinnere mich noch genau, wie ich meine Ohren spitzte, als mein Freund K erzählte, er sei in einem Blumenbeet in Grünerløkka im Osten Oslos über Spitzmorcheln gestolpert. Hipstermorcheln in einem der angesagtesten Stadtteile. Er wollte sie allerdings nicht ernten, weil er meinte, dort seien sie dem Stadtleben und der Verschmutzung zu sehr ausgesetzt.

»Ich hätte diese Vorbehalte nicht, wenn es um Spitzmorcheln geht«, sagte ich zu ihm.

Möglicherweise sprach ich diesen Satz zu eifrig und schnell aus, obwohl ich doch eigentlich den Eindruck vermitteln wollte, es würde mich nur am Rande interessieren. In meinem Inneren herrschten widerstreitende Gefühle, ein wahres Morchelchaos.

»Wir könnten ja jetzt hingehen und sie uns ansehen?«, lautete das Angebot, dem ich nicht widersprechen konnte.

In meiner Einkaufstüte hatte ich frischen Spargel, und Morcheln und Spargel sind das beste Frühlingsgericht, das sich ein Feinschmecker vorstellen kann. Glücklicherweise hatte ich sofort Zeit, mit K aufzubrechen, um mir die Spitzmorcheln anzusehen.

Er führte mich zu dem besagten Ort. Anfangs konnte ich nichts von Interesse erkennen. Man muss seinen Morchelblick tatsächlich schärfen. Ich entdeckte sie erst, als K mit dem Finger auf eine Stelle im Gras zeigte. Es war ein großer Augenblick. Ich wusste nicht, ob ich in lauten Jubel ausbrechen oder einen stummen Munchschrei mit der Hand vorm Mund ausstoßen sollte. Diese Euphorie ist nur wenigen Pilzfreunden vergönnt. Wenn es einen Pilz mit Glamourfaktor gibt, dann ist es die Spitzmorchel. So kam ich zu meinem geheimen Spitzmorchelort mitten in der Hauptstadt.

Sandmorcheln:
Die schwarzen Schafe der Pilzwelt

Neben den *true morels* gibt es auch falsche. »Falsche Morcheln« sind keine eigene Art, sondern ein Sammelbegriff für mehrere Arten der Gattungen *Gyromitra, Helvella* und *Verpra.* Zum Pensum für die Prüfung zum Pilzsachverständigen gehört auch die berüchtigte Frühjahrs-Giftlorchel, *Gyromitra esculenta,* die auf der Normliste als sehr giftig eingestuft wird. Während Spitzmorcheln selten sind, findet man die Frühjahrs-Giftlorchel vergleichsweise häufig, vor allem entlang beleuchteter Laufpfade mit Mulchbelag. Im Pilzkurs haben wir gelernt, dass die Giftstoffe dieser Lorchel möglicherweise zur Sterilität führen könnten, dass sie krebserregend sind und in Raketentreibstoff enthalten. Es handelt sich dabei um verschiedene giftige Zellgifte, die Funktionsstörungen des Nervensystems verursachen können. Laut der Gesundheitsbehörde kann schon der Verzehr kleiner Mengen dieses Pilzes zu »allgemeinem Unwohlsein und Kopfschmerzen« nach fünf bis acht Stunden führen. Die Einnahme größerer Mengen kann »Leber, Nieren und rote Blutkörperchen« schädigen. Nicht gerade ein gutes Nahrungsmittel, sollte man meinen.

Deshalb wunderte ich mich darüber, dass einige der Senioren der Pilzszene ausweichend antworteten, wenn es um die Frühjahrs-Giftlorchel ging. Ich hatte das Gefühl, sie würden irgendetwas verheimlichen.

Erzählten sie mir nicht die ganze Wahrheit? Verbargen sie etwas? Hatten sie sich verstohlene Blicke zugeworfen, oder bildete ich es mir nur ein?

Wenn man im Antiquariat oder in einem verstaubten Regal im Ferienhaus ein altes Pilzbuch findet, sieht man hinter der Frühjahrs-Giftlorchel zwei Kreuze *und* drei Sterne. Zwei Kreuze bedeuten »sehr giftig«, drei Sterne »sehr wohlschmeckend«. Zwischen den Kreuzen und den Sternen findet man einen kleinen Kreis, das Symbol für »je nach Zubereitung«. Die alten, einfachen Pilzbücher behaupten also, diese Lorchel sei ein sehr giftiger Pilz, aus dem – richtig zubereitet – ein sehr schmackhafter Pilz werden könne. Vielleicht erklärt das auch den lateinischen Namen *esculenta,* also »essbar«?

Ein befreundeter Koch erzählt mir ebenfalls, dass er seinen Restaurantgästen früher Giftlorcheln serviert habe. Das war vor dem Jahr 1963, als die Frühjahrs-Giftlorchel hierzulande von einem »essbaren« zu einem »giftigen« Pilz erklärt wurde. Die Ursache für die neue Einordnung waren registrierte Todesfälle im Ausland, die allerdings auf eine falsche Zubereitung zurückgingen.

»Und wie behandelt man sie richtig?«, fragte ich einzelne Informanten diskret unter vier Augen. Ich hatte bereits verstanden, dass dies ein heikles Thema war. Wie sich herausstellte, gab es vielerlei Meinungen dazu – und es löste heftige Gefühle aus.

Von der sogenannten »Pilzentgiftung«, über die man mir daraufhin berichtete, hatte ich noch nie etwas gehört, und ich spitzte die Ohren. Alle, die schon einmal eine Frühjahrs-Giftlorchel »entgiftet« hatten, waren sich einig, dass man sie blanchieren müsse. Das Gift *Gyromitrin* ist flüchtig und wasserlöslich. Im Idealfall führt man diese Prozedur im Freien durch, und wenn das nicht möglich ist, sollte man dafür sorgen, die Dunstabzugshaube auf höchster Stufe laufen zu lassen. Ich erhielt abweichende Informationen darüber, wie lange und wie oft man die Pilze blanchieren sollte, doch alle waren sich einig, dass man den Vorgang mehr als einmal wiederholen müsse und das Wasser selbstverständlich nicht für eine Sauce oder zum Ablöschen verwenden dürfe, sondern unbedingt wegschütten solle. Auf mich wirkte das alles ziemlich umständlich, und es blieb auch nicht beim Blanchieren: Anschließend musste die Frühjahrs-Giftlorchel obendrein getrocknet und gelagert werden, und zwar am besten für mehrere Wochen, Monate oder sogar Jahre. Auch hier fielen die Antworten, wie lange man warten solle, sehr unterschiedlich aus. Wie dem auch sei: Man versteht sofort, dass man unter hartgesottenen Pilzfreaks ist, wenn diese sogar willig sind, einen so komplizierten Zubereitungsprozess auf sich zu nehmen – von dem man lediglich *hofft,* er würde das Gift vertreiben, oder zumindest einen Großteil davon. In welchen Mengen, wie oft und über welchen Zeitraum man diese kontroversen Pilze essen darf, ist eine verwirrende Wissenschaft mit vielen unterschiedlichen Betrachtungsweisen. Der Ordnung halber sollte ich auch erwähnen, dass ich Geschichten von Leuten gehört habe, die »jahrelang« Frühjahrs-Giftlorcheln genossen hatten und denen von einem Tag auf den anderen schlecht wurde. Fast so, als würde sich das Gift im Körper ablagern, bis dieser eines schönen Tages in Streik tritt. Dieses Risiko nehmen alle in Kauf, die der Normliste trotzen und unverdrossen weiter Giftlorcheln essen.

Das Thema, ob sie nun essbar ist oder nicht, sorgt in den sozialen Medien immer wieder für heftige Debatten, vor allem, wenn sich Pilzfreunde aus verschiedenen skandinavischen Ländern daran beteiligen. Wenn man neu in der Szene ist, kann einen die Intensität und Unversöhnlichkeit dieser heftigen Wortwechsel durchaus erschrecken. Selbst noch so besonnene Menschen geraten in der Giftlorchel-Frage außer sich. Während der Pilz in Norwegen offiziell giftig ist, findet man ihn in Schweden ganz legal im Supermarkt und auf den Speisekarten besserer Restaurants. In Finnland hat auch niemand Bedenken gegen ihren Verzehr, man hält sie für eine große Köstlichkeit. Einmal bekam ich sogar ein Geschenk aus Finnland: ein Glas mit getrockneten Frühjahrs-Giftlorcheln, die nach allen Regeln der Kunst behandelt worden waren. Ich muss zugeben, dass diese Aufmerksamkeit noch immer unangetastet im Küchenschrank steht. Eines steht jedenfalls fest: Wenn die Pilzsachverständigen eine solche Lorchel bei der Kontrolle finden, muss der gesamte Korb beschlagnahmt werden. Was manch einer isst, wenn er seinen Kontrolleurs-Hut abgelegt hat, ist eine ganz andere Sache.

Ausgerechnet an einem 17. Mai., dem norwegischen Nationalfeiertag, erhielt ich die Bestätigung für meinen Verdacht, dass jene, die nach außen hin als die strengsten Wächter der Normliste gelten, selbst Giftlorcheln essen, wohlgemerkt aber erst nach der angemessenen aufwendigen Behandlung. Ich war zu einem Feiertagsfrühstück eingeladen worden, und nach all den üppigen Speisen stand ein Spaziergang auf dem Programm. Zeit für eine Lorchel-Wanderung! Deshalb trugen die eifrigen Sammler auch nicht die traditionelle Nationaltracht, sondern praktische warme Outdoor-Kleidung. Alle freuten sich schon auf das Abendessen: Lorcheln in Portweinsauce. Wenn man Frühjahrs-Giftlorcheln sammelt und isst, kann sich die Feier des Verfassungstags schnell einmal vom Morgen bis spät in die Nacht hinziehen.

»Wir sind schon so alt, da ist es sowieso egal«, sagte einer von ihnen glücklich und vergnügt.

»Ich für meinen Teil serviere sie nie jungen Menschen im fortpflanzungsfähigen Alter«, fügte ein anderer hinzu, als wollte er mir versichern, dass sie nichts Falsches taten.

»Wir essen sie auch nur am 17. Mai, einmal im Jahr«, ergänzte ein dritter mit breitem Lächeln.

Ich traute meinen Ohren nicht.

Das bestätigt allerdings nur eine grundsätzliche Beobachtung der Anthropologie: dass es oft zwei verschiedene

Paar Schuhe sind, was die Leute sagen und wie sie tatsächlich handeln. Ich war ziemlich empört, vermutlich aber vor allem deswegen, weil ich nicht erwartet hätte, dass diese Experten so bewusst ein Risiko eingingen und als Privatpersonen einen giftigen Pilz aßen. Man könnte das mit einem Fahrlehrer vergleichen, der die Geschwindigkeitsbegrenzung ignoriert, wenn kein Schüler im Auto sitzt. Ich hatte zu den Experten aufgesehen, als wären sie Halbgötter, und musste nun feststellen, dass sie auch nur Menschen waren.

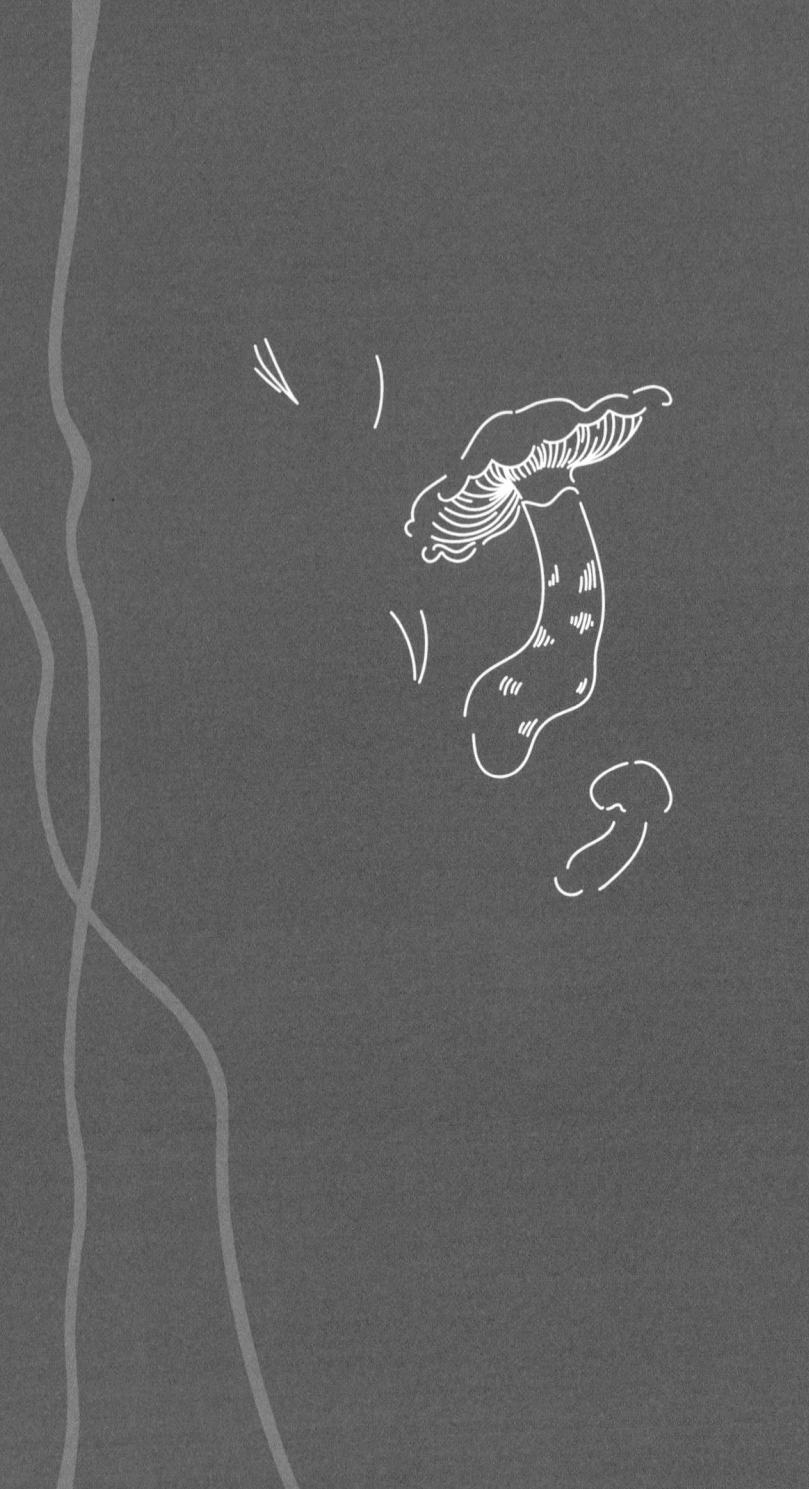

Die Sinne
in Bereitschaft

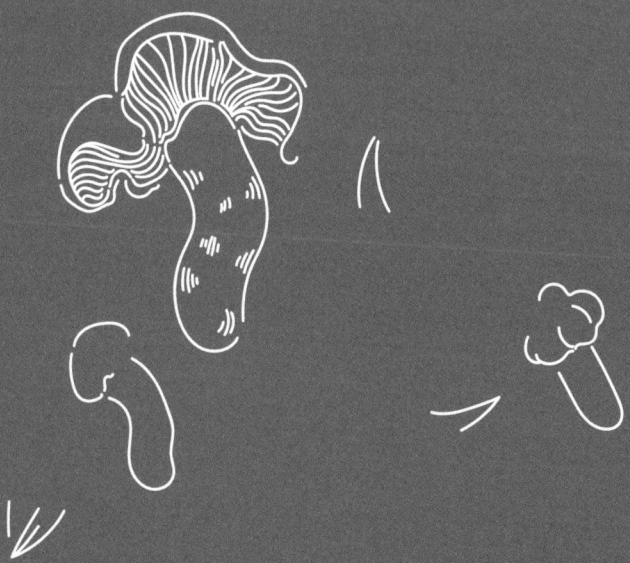

Die Wege waren schmal und trocken. Meine neue Bekannt-schaft B und ich waren ein wenig auf der Insel umherge-streift, ohne genau zu wissen, wo wir eigentlich hinsollten. Beim Gehen wirbelten wir eine kleine Staubwolke auf, wie in einem Western. Eigentlich ein schlechtes Zeichen, wenn man nicht auf Indianer aus ist, sondern auf Pilze. Das Sonnenlicht war grell. Hatte es hier auf der Insel denn nicht geregnet, wie auf dem Festland? Wir wussten nicht, wo wir am besten mit der Suche anfangen sollten. Als B uns mit der Seilzugfähre über den engen Sund gebracht hatte, waren wir mit einigen freundlichen Inselbewohnern ins Gespräch gekommen, die neugierig auf unsere leeren, aber erwartungsvollen Pilzkörbe schauten. Nein, Pilze habe man auf dieser Insel noch nie gefunden, wurde uns mitgeteilt. Dem Pessimismus der Ureinwohner zum Trotz beschlossen wir, unser Glück zu versuchen.

Plötzlich kamen wir an einen Pfad, der in einen schummerigen, geheimnisvollen Wald führte. Sollten wir ihm folgen? Der Boden war karg und steinig, erschien mir aus irgendeinem Grund aber dennoch verheißungsvoll. Vielleicht hatte er ein wenig Feuchtigkeit aus den vergangenen Regentagen gespeichert. Abgesehen davon war es schön, aus der Sonne in die schattige Umarmung des Waldes zu flüchten, und es dauerte nicht lange, bis unsere Augen sich an das kühlende Dunkel zwischen den Bäumen gewöhnt hatten. Wir badeten in einem Flickenteppich aus flirrenden Sonnenflecken, und es wäre verlockend gewesen, einfach nur unbeschwert durch die Gegend zu stapfen, aber ich hatte etwas vor und studierte systematisch das Gelände.

Es verging nicht viel Zeit, schon fiel mein frisch geschultes Auge auf einen Pilz, den Mehl-Räsling, *Clitopilus prunulus*, den ich gerade erst kennengelernt hatte. Eine Delikatesse. Ich hatte noch die Stimme meines Lehrers im Ohr: hellgraublauer Hut, herablaufend angewachsene Scheiben, mitunter mit einem Hauch von Rosa, und, nicht zuletzt, der Geruch von nassem Mehl. Ein richtiger Leckerbissen mit einigen heimtückischen Doppelgängern, weshalb es wichtig war, seinen Pilz genau zu kennen. Und hier, in diesem Wald, fanden wir ganze Kolonien davon. Ich erntete ein besonders schönes Exemplar.

»Riech mal daran!«, rief ich vergnügt, während ich den Pilz hin- und herdrehte und ihn B reichte. Er richtete sich auf und schnüffelte eifrig an den Lamellen. Dann wurde er still.

»Und, wonach duftet er?«, fragte ich eifrig und ungeduldig. Ich war gespannt, ob B den Geruch von nassem Mehl identifizieren konnte.

»Das möchte ich lieber nicht sagen«, antwortete er. Sein Blick flackerte, seine Wangen wurden fleckig, er sah beschämt aus und wusste nicht, wohin mit sich und dem Pilz.

Einige lange Minuten des Schweigens verstrichen. Mit seinem kupferfarbenen Haar und seiner hellen Haut konnte B nur schwer verbergen, dass er errötet war. Puh! Ich hatte eine peinliche Situation heraufbeschworen. Dabei hatte ich gedacht, die Antwort läge auf der Hand, und gehofft, damit sein Pilzinteresse zu wecken. Mein Plan war es gewesen, ihn ganz raffiniert zu missionieren und ihm die Pilze nicht aufzudrängen, sondern ihn sie selbst entdecken zu lassen.

Wir kannten einander nicht gut genug, als dass er mir hätte erzählen können, wonach der Mehl-Räsling seiner Meinung nach eigentlich roch, und ich bohrte auch nicht weiter nach. Ich wollte die Situation nicht noch unangenehmer machen. Nasses Mehl war es jedenfalls nicht.

Alle Sinne geschärft

Im Pilzkurs erklärte uns der Lehrer, ob ein Täubling essbar sei oder nicht, finde man am sichersten heraus, indem man diesen probiere. Was natürlich zunächst voraussetzt, einen Täubling auch als solchen identifizieren zu können. Eine einfache Regel besagt, dass der Stiel im Gegensatz zu dem anderer Pilze eine feste, knackige Konsistenz hat. Wenn man ganz sicher ist, tatsächlich einen Täubling gefunden zu haben, kann man ein kleines Stückchen auf die Zunge legen, daran saugen und es probieren. Nimmt man einen scharfen, strengen Geschmack wahr, ist der Täubling nicht essbar und vermutlich sogar leicht giftig, während die milden Sorten durchweg genießbar sind. Alle Geschmacksproben müssen, unabhängig vom Ergebnis, wieder ausgespuckt werden. Bei dieser Übung zögerten viele, ich eingeschlossen. Kurz zuvor hatten wir noch gelernt, man dürfe Pilze nicht roh essen. Schließlich überwand sich jedoch die ganze Klasse, vermutlich auch, weil wir sahen, dass der Lehrer diesen Täublingstest bereits lebend überstanden hatte. Den scharfen Geschmack erkennt und lernt man sofort. Er ist wie Chili, Meerrettich oder Wasabi: brennend und stechend, breitet er sich sofort im Mund aus.

Auch die Konsistenz und Oberflächenstruktur sind wichtige Merkmale bei der Identifizierung. Pilzhüte können samtweich sein oder zäh und gummiartig, glatt oder rau, trocken oder so klebrig, dass Schmutz und Tannennadeln daran hängen bleiben. Nach und nach bemerkte ich, dass es ein eigenes Vokabular gibt, um die Merkmale der Pilze zu beschreiben: Unter den Stielen finden sich beispielsweise kurze und harte, dünne und hohle, glatte, behaarte, pudrige, gerillte, gefurchte, genatterte, faserige oder flockige. Die »Flocken« sind kurze, mitunter haarähnliche Auswüchse. Bei manchen Pilzen ist diese Schicht so dick, dass man sie mit dem Messer verteilen könne wie Schmierkäse, sagen jene, die gern übertreiben. In meinem ersten Pilzkurs hatte ich notiert, der Schopftintling, der in Gärten und Parks wächst, habe ebenfalls so genannte »Schuppen«.

Einige Stiele sind so porös, dass sie abfärben, wenn man sie berührt, als würde man eine frisch gestrichene Wand anfassen, bevor sie getrocknet ist. Andere sind retikular,

d. h. mit einem Netz überzogen. Der wissenschaftliche Name des Sommer-Steinpilz, *Boletus reticulatus,* rührt genau daher; sein Stil ist »genetzt«. Wenn ich mich in diesen neuen Bereich einarbeiten wollte, musste ich erst einmal das Kauderwelsch lernen, mit dem die Insider ganz selbstverständlich um sich warfen. Aber das erschien mir als eine schöne Herausforderung.

So seltsam es klingen mag: Um Pilze zu identifizieren, kann man auch das Gehör einsetzen. Wie singt der Pilz?, könnte ein Dichter fragen. Und alle anderen: Machen Pilze wirklich Geräusche? Die Frage weckt Assoziationen zu Buddhas Frage: Wie klingt das Klatschen einer Hand? Der Pfeffer-Röhrling, *Chalciporus piperatus,* mit seinen charakteristischen roten Röhren hat einen 4 bis 6 cm hohen gelben Stiel, der mit einem leisen »Plopp« bricht, einer Art mykologischem Champagnerlaut. Will man den Pilz singen hören, braucht man nur genau hinzuhören.

Wenn wir Essen probieren, spielt der Geruch eine zentrale Rolle. Einige Forscher haben errechnet, dass er sogar 75 bis 95 Prozent des Geschmackserlebnisses ausmacht. Ohne ihn wäre Kaffee nur schwarzes, bitteres Wasser – ein seltsamer Gedanke für die meisten, die ihn gern trinken, wie auch ich, die erst nach Eiolfs Tod damit anfing. Fällt der Geschmackssinn aus, beispielsweise wenn wir erkältet sind, wird das Essen nach »nichts« schmecken, oder, besser gesagt, nur nach einer der fünf Geschmacksrichtungen: salzig, süß, bitter, sauer oder *umami.* Manch einer wird sich vielleicht fragen, was *umami,* 1997 in Norwegen als neues Wort anerkannt, bedeutet. Experten erklären, es handelt sich um einen Geschmack, der in proteinreichen Speisen und fermentierten Lebensmitteln vorkommt und durch die Aminosäureionen Glutamat und Aspartat und die Nukleinsäureionen Inosinat und Guanosinat ausgelöst wird, ohne dass wir uns etwas darunter vorstellen können. Schon eher, wenn wir an gut gelagerten Käse, luftgetrocknetes Fleisch, Bouillon, Algen oder Pilze denken. Je mehr diese Nahrungsmittel getrocknet, gepökelt oder fermentiert werden, desto konzentrierter wird *umami.* Es ist dieser befriedigende, lang anhaltende, volle, sinnliche, komplexe Geschmack, von dem wir nicht genug bekommen können. Wie die Forschung gezeigt hat, entstehen die reinsten umami-Bomben, wenn man zwei umami-reiche Zutaten kombiniert. Aus eins plus eins werden drei. Das durfte ich selbst erleben, als ich zu einem feinen Essen eingeladen wurde. Als Vorspeise gab es eine köstliche Kombination aus eingelegten Pilzen: Steinpilze, Gemeine Samtfußrüblinge, *Flammulina velutipes,* und Shiitake, *Lentinus edodes,* in einer Kräutermarinade und mit geriebenem Västerbottenkäse. Dieser Käse, würzig und komplex, ist die schwedische Variante des Parmesans. Die elegante Vorspeise war eine fantastische Kombination aus dem umami der westlichen und fernöstlichen Welt. Ein bisschen umami ist die einfachste Möglichkeit, dem Essen einen besonderen Pfiff zu verleihen. Auch wenn man Reste vom Vortag isst, kann umami wahre Wunder bewirken. Und getrocknete Pilze eignen sich dafür besonders, weil sie eine Art Instant-umami darstellen.

Obwohl bei der Bestimmung von Pilzen alle Sinne gefragt sind, kommt dem Geruch natürlich eine besondere Rolle zu. Im Anfängerkurs führte uns der Lehrer vor, wie dieser Teil der Aufgabe aussah. Anfangs erschien es mir merkwürdig, meine Nase unter die Unterseite eines Pilzhuts zu stecken und daran zu schnüffeln. War es wirklich nötig und vor allem verantwortbar, den Pilz zu inhalieren? Bestand dabei nicht die Gefahr, die mikroskopischen Sporen direkt in die Lunge einzuziehen? Normalerweise verbreiten sie sich mithilfe des Windes, und dort, wo sie landen, entstehen neue Pilze, wenn die Verhältnisse günstig sind. Pilze in der Lunge – das klang nicht gut. Die Untersuchungsobjekte wurden in der Klasse herumgereicht – was, wie ich nach und nach lernte, zur üblichen Pilzpädagogik gehörte – und alle anderen rochen daran, ohne zu zögern. Offenbar war ich die einzige Bedenkenträgerin.

Also stürzte auch ich mich beherzt in die Aufgabe und versuchte, nach bestem Wissen und Gewissen die Unterschiede zwischen den Pilzen zu erschnüffeln. Erst da fiel mir auf, wie schwierig es war, die unterschiedlichen Gerüche in Worte zu fassen. Obwohl wir sie konkret und physisch erleben, können wir sie nur indirekt beschreiben. »Das riecht wie…«, sagen wir. Unsere Lehrer warfen immer wieder neue Wörter in den Raum: »Aprikose«, »Kartoffel«, »Mehl«, »Nasser Lappen«, »Keller«, »Flohmarkt«, »Rettich« usw. Sie meinten, ab und zu sei der Geruch einer Art so charakteristisch, dass man sie mit verbundenen Augen bestimmen könne. Der markante Duft enthüllt die Identität, quasi wie ein Fingerabdruck. Für mich klang das wie Hokuspokus. Doch als Anfängerin tat sich mir eine Bandbreite von Aromen auf, die ich früher nie mit Pilzen verbunden hätte. Wer einmal das Bittermandelaroma eines Riesenchampignons kennengelernt hat, wird es nur schwer wieder vergessen. Dasselbe gilt allerdings auch für den süßlichen Verwesungsgeruch der Stinkmorchel.

Unser Lehrer brachte uns bei, dass ein wichtiger Unterschied zwischen dem Pfifferling und dem falschen Pfifferling, *Hygrophoropsis aurantiaca,* sein Odeur sei. Während letzterer geruchlos ist, soll ersterer, wenn man den Experten glaubt, nach Aprikose duften. Ich habe meine Nase schon in viele Pfifferlinge gesteckt und kann dem nur mit viel gutem Willen – und immer noch ein wenig zögerlich – zustimmen. Als eifriger und unerfahrener Enthusiast ist man allerdings gern einmal gutgläubig. Aber nehme ich *wirklich* den Duft von Aprikose wahr? Oder kommt es mir so vor, weil erfahrene Pilzkenner und Standardwerke es behaupten? Das Machtverhältnis zwischen Aspirant und Experte ist asymmetrisch. Kommt dann noch die Psychologie der Erwartung hinzu, ist die Schülerin chancenlos und stellt sich vor, sie würde das riechen, was der Experte sagt. Einen eingebildeten Geruch nennt man Phantosmie. Ein neues Wort, das für mich relevant wurde. Zweifellos rieche ich *etwas,* wenn ich an einem Pfifferling rieche, aber was?

Die olfaktorische Frage quält mich. Für mich ist das Aussehen eines Pilzes viel leichter zu beschreiben. Ich las, dass unsere visuellen Eindrücke »synthetisch« seien, die Geruchswahrnehmung hingegen »analytisch«. Wenn unser Auge ein Signal mit rotem und grünem Licht wahrnimmt, wird das als ein *gesammeltes* Signal wahrgenommen: gelb, für das wir auch einen eigenen Namen haben. Beim Riechen passiert etwas anderes. Unsere Nase registriert die vielen Einzelbestandteile. Unser Gesamteindruck ist daher ein Mosaik aus verschiedenen separaten Gerüchen. Diese Kombination aus getrennten Gerüchen wird analysiert und mit dem Geruchsarchiv im Gehirn verglichen. Einen Sammelbegriff für den betreffenden Geruch haben wir in der Regel nicht. Ich hatte ein Aha-Erlebnis, und mir wurde fast ein wenig schwindelig, als ich das alles las. Näherte ich mich dem Kern des Problems?

Bei meinen weiteren Recherchen erfuhr ich, dass das Riechen eine viel individuellere Angelegenheit ist als das Sehen. Beispielsweise hängt der Geruchssinn von der Tagesform ab. In einer Gruppe von gleichaltrigen Menschen werden manche einen Geruch zehn- bis vierzigmal schwächer wahrnehmen als andere. Außerdem variiert die olfaktorische Wahrnehmung auch je nach Stoff. Mit anderen Worten können wir einigen Gerüchen gegenüber »blind« sein, anderen nicht. Ein bekanntes Beispiel ist der Urin, nachdem man Spargel gegessen hat. Manche können eine schwefel-, benzin- und/oder metallhaltige Note im Uringeruch wahrnehmen, andere riechen gar nichts. Der Mykologe Michael Kuo von *www.mushroomexpert.com* beschreibt, er habe Schwierigkeiten, den Phenolgeruch in manchen Champignons zu erkennen, wohingegen er den Mehlgeruch anderer Arten schon aus mehreren Metern Entfernung wahrnehme. Auch das finde ich faszinierend. Ist mein Geruchssinn grundsätzlich schwächer ausgeprägt, oder rührt diese Schwäche von meinem Zustand als Trauernde her?

Wir alle können einzelne Menschen mit einem bestimmten Geruch in Verbindung bringen. So wie in der gern erzählten Anekdote, dass Napoleon, als er aus dem Feldlager zurückkam, an Kaiserin Josephine schrieb: »Wasch dich nicht mehr. Ich komme bald zurück!« Der Geruch verstärkt den Eindruck, den wir von Menschen haben, im Positiven wie im Negativen. Trotzdem ist es schwierig zu beschreiben, wie Menschen, die wir kennen, riechen; es fällt uns viel leichter, einzelne Düfte mit ihnen in Verbindung zu bringen. Wenn man nach langer Zeit wieder einen bestimmten Geruch wahrnimmt, kann einen das Gefühl überwältigen, in eine andere Zeit versetzt zu werden. Man »reist« sofort mental wieder zu dem Moment zurück, als man ihn das erste Mal roch.

Ein Bekannter, dessen Vater vor über 40 Jahren gestorben ist, arbeitet täglich an dessen altem Schreibtisch. Das Besondere dabei ist, dass er nie die zugehörige Schublade geleert hat. Wenn er sie hin und wieder öffne, nehme er immer noch den Geruch des Vaters wahr, erzählte er mir.

Das sei fast wie eine Zeitkapsel aus den Tagen, als dieser noch lebte.

Ich beneidete ihn darum und wurde traurig, weil ich keine solche Schublade mit Eiolfs Sachen besaß, mit deren Hilfe ich seinen Geruch und die Erinnerung heraufbeschwören konnte. Das Einzige, was mir in dieser Hinsicht einfällt, ist MacBarens Pfeifentabak »Amphora«, der nach Kakao und Schokolade riecht. Er versetzt mich zurück in die Zeit, als Eiolf Student war und Pfeife rauchte.

Wie beschreiben Kenner den Geruch von Pilzen? In den neueren Ratgebern findet man kurze, einfache Erklärungen, in der älteren Literatur mitunter umständlichere Ausführungen. In einem alten dänischen Nachschlagewerk lese ich Folgendes über den Glänzenden Schleimschirmling, *Limacella illinata*: »Schwacher Geruch, zunächst mehlartig oder muffig mit einer leichten Note von Menthol oder Terpentin. Nachfolgend unangenehm mit Anflügen von verdorbenem Fleisch, Hühnerhof, nassem Hund, Schweiß, Schmutzwäsche oder gar öffentlicher Toilette.«

Auch in der norwegischen Pilzliteratur ist es nicht ungewöhnlich, den Geruch in Kategorien wie »angenehm« oder »unangenehm« zu beschreiben. Das ist merkwürdig, weil wir doch alle wissen, dass Geruchsvorlieben, ebenso wie der Geschmack, sehr unterschiedlich sein können. Eine meiner Pilzfreundinnen findet beispielsweise, der Violette Rötelritterling, *Lepista nuda,* würde gut duften. Manche empfinden seinen Geruch als süßlich, ich finde, er riecht nach verbranntem Gummi. Mein erster Pilzlehrer beschrieb ihn als eine Mischung aus »Sanostol und Gummistiefeln«.

Deshalb war ich hocherfreut, als ich las, wie der Däne Poul Printz in den Achtzigerjahren ein einfaches Experiment durchführte, bei dem er verschiedene Pilze getrennt voneinander in Papier einpackte und unterschiedliche Personen daran riechen ließ. Er verwendete weniger bekannte Arten, um den erlernten Erwartungen der Teilnehmer vorzugreifen. Das Ergebnis, das er im Mitgliedsorgan des *Vereins zur Verbreitung des Pilzwissens in Dänemark* veröffentlichte, ist frappierend.

Der Artikel gibt keine Auskunft darüber, wie viele Personen an seinem Test teilnahmen, der über mehrere Jahre ging. Unabhängig davon lässt sich aber daraus schließen, dass es bei den Geruchspräferenzen große individuelle Unterschiede gibt; ein und derselbe Pilz kann vollkommen gegensätzliche Reaktionen hervorrufen.

Ein offenkundiges Problem ist, dass der Geruchssinn nicht nur unterschiedlich ausgeprägt sein kann, sondern auch vom Alter abhängt oder davon, ob man bestimmte Medikamente nimmt oder schwanger ist. Pilzcracks berichten außerdem, wie sich der Geruchssinn im Laufe der Pilzsaison entwickelt. Manche meinen, die Nase gehe nach dem Herbst in eine Art Winterschlaf und werde erst wieder sensibler, wenn die mykologischen Aktivitäten erneut zunähmen.

Pilz	Geruchseindruck der Teilnehmer	Beschreibung
Marzipan-Fälbling *Hebeloma radicosum*	Gut 75 % Schlecht 25 %	Marzipan, Mandeln, Mottenkugeln, Schokoladenkuchen, Nescafé
Bittermandel-Risspilz *Inocybe hirtella*	Gut 75 % Schlecht 25 %	Mandelessenz, Rettich, Marzipan
Cortinarius rheubarbarinus (kein dt. Name)	Gut 50 % Schlecht 50 %	Rettich, Gas mit Nelkennote, frisch süßlich
Stink-Täubling *Russula foetens*	Gut 40 % Schlecht 40 % Geruchlos 20 %	Süßlich, Honig, Melone, Erdbeere, Badeanstalt, Chlor, Mandeln, nasser Tafelschwamm
Lila Dickfuß *Cortinarius traganus*	Gut 20 % Schlecht 70 % Neutral 10 %	Seife, metallisch, Gummi, fruchtig, schlechter Atem, Pflaumenkompott

Geruch ist nicht nur individuell, sondern auch kulturell geprägt. Als Nation werden wir dazu sozialisiert, manche Gerüche lieber zu mögen als andere. Liest man die Top 10 des Parfümverkaufs in verschiedenen Ländern, ist eine deutliche Variation der populärsten Düfte erkennbar. In Frankreich ist Chanel Nr. 5 auf Platz 1 (und zwar seit Jahren), in den USA hingegen hat es der Duft nie an die Spitze der beliebtesten Düfte geschafft. Ein Geruchsexperte, mit dem ich gesprochen habe, erzählte mir, wie groß die kulturellen Unterschiede sind: Die Deutschen mögen Tannenaromen, die

Franzosen Blumendüfte, die Japaner dezente Noten, wohingegen die Nordamerikaner so genannte *bold smells* wie »kräftige Nadelhölzer« bevorzugen. Und die Südamerikaner mögen diese würzigen Gerüche sogar noch mehr als die Nordamerikaner. Er berichtete mir, dass die Waschmittel in Venezuela zehnmal mehr Kiefernduft enthalten als auf den nördlicheren Märkten.

Die vielfältigen Vorlieben der jeweiligen Nationen zeigen sich auch auf den Speisekarten. Die Isländer essen vergrabenen, vergammelten Hai und über Schafsdung geräuchertes Lammfleisch, die Norweger in Salzlake fermentierten Fisch. Was mancher als Mistgestank einstuft, duftet für den anderen offenbar wie Parfüm und verheißt eine fantastische Mahlzeit. Deshalb verwundert auch die unterschiedliche Wahrnehmung von Pilzgerüchen nicht: Den Nebelgrauen Trichterling, *Clitocybe nebularis,* beschreiben norwegische Kenner als »parfümiert duftend« und, wenn er abgekocht wurde, auch als essbar. Die Amerikaner sagen, er würde miefen wie ein Stinktier, und essen ihn aus diesem Grund auch nicht.

Das beste Beispiel für die unterschiedlichen kulturellen Präferenzen ist wohl der Rummel um den Matsutake, *Tricholoma matsutake.* Er zählt zu den teuersten Pilzen überhaupt. Und sein Preis steigt jedes Jahr, weil er in Japan immer seltener wird. In Norwegen wurde er zum ersten Mal im Jahr 1905 von Axel Blytt in den Hügeln nördlich von Oslo gefunden und wissenschaftlich beschrieben.

Blytt war offenbar der Meinung, der Gestank des Pilzes sei »zum Kotzen«, weil er den entsprechenden lateinischen Zusatz *nauseosa* wählte. David Arora, ein bekannter amerikanischer Mykologe, war etwas milder in seinem Urteil und meinte, der Matsutaka rieche nach »alten Socken«. In Japan ist man da ganz anderer Meinung. 1925 beschrieben die Japaner S. Ito und S. Imai den Pilz und gaben ihm das Epitheton *matsutake,* was »Kiefernpilz« bedeutet. Er würde »himmlisch« riechen, und das alte japanische Sprichwort »Für den Duft wähle Matsutake« bestätigt dies. Im Jahr 1999 wurde festgestellt, dass hinter dem japanischen *Tricholoma matsutake* in Japan und dem *Tricholoma nauseosum* in Norwegen ein und dieselbe Art steckt. Es war ein mykologischer Thriller. Wer zuerst kommt, mahlt zuerst, besagen die wissenschaftlichen Gepflogenheiten und Nomenklatur-Regeln. Wer den Pilz zuerst beschrieben hat, darf ihn auch benennen. Dieser Tradition zufolge müsste der Pilz *Tricholoma nauseosum* heißen.

Das war ein schwerer Schlag für die Japaner. Sie sammeln diesen Pilz mit Baumwollhandschuhen, um ihn nicht mit dem Fett ihrer Finger zu besudeln. Bei feierlichen Zeremonien wird der Matsutake als auserlesenes Geschenk überreicht, und schon im Jahre 759 vor Christus wurden Gedichte über seine herausragenden Eigenschaften verfasst. Im 11. Jahrhundert war es den Frauen am Hof des Kaisers, wo die männliche Macht immer dominierte, sogar verboten, den Namen auszusprechen. Matsutake ist auch ein

Slangausdruck für Penis, wobei beim Pilz nicht die Größe zählt, sondern wie jung, schön und kraftstrotzend er ist. Im heutigen Japan kann die Nachfrage kaum gestillt werden, was zum Teil auch daran liegen mag, dass dem Matsutake ähnliche Eigenschaften wie Viagra nachgesagt werden. Die japanische Ehre war verletzt, als der hochgeschätzte Matsutake plötzlich einen so übel klingenden wissenschaftlichen Namen erhalten sollte. Wie konnte Japans Nationalschatz für immer »zum Kotzen« sein? Japanische Lobbyisten starteten eine groß angelegte PR-Kampagne für den Pilz und konnten am Ende durchsetzen, dass er ein für alle Mal *T. matsutake* heißen sollte.

Als eine Gruppe norwegischer Pilzfreunde aus meinem Bekanntenkreis mehrere Exemplare vom *T. matsutake* fand, beschlossen sie, ihn nun endlich einmal zu probieren. Sie bereiteten ihn wie in Norwegen üblich zu, mit Butter, Salz und Pfeffer. Er bestand den Geschmackstest nicht. Anfangs dachte ich, das hätte lediglich mit ihren kulinarischen Vorlieben zu tun, las später aber folgende Erklärung: Pilze mit einem fettlöslichen Aroma brät man am besten in Butter. Das Aroma des Matsutake ist dagegen wasserlöslich, weshalb es am besten in einer Suppe oder im Reis zur Geltung kommt. Wenn man Matsutake-Reis auf japanische Art und Weise zubereitet, fügt man eine Handvoll Pilzstückchen hinzu, wenn der Reis kocht. Dann wird der Deckel auf den Topf gelegt und die Hitze gesenkt, und man wartet geduldig, während der Reis und die Pilze ihre Aromen mischen. Diese Methode soll den Reis in ungeahnte kulinarische Höhen heben – jedenfalls für Japaner.

Ein anderes Argument dafür, dass sich die Pilzfreunde eingehender mit den Düften beschäftigen sollten, ist die Tatsache, dass sich manche »Erkennungsgerüche« auf Dinge beziehen, zu denen wir heute gar kein praktisches Verhältnis mehr haben. Zum Beispiel soll der Bocks-Dickfuß, *Cortinarius camphoratus*, laut Pilzliteratur nach verbranntem Horn, Ziegenstall oder brünstigem Bock riechen.

Matsutake, *Tricholoma matsutake*

Die Frage ist, wie hilfreich solche Vergleiche heute sind, es sei denn, man hat viele Stunden im Ziegenstall verbracht und war dabei, wenn der Tierarzt die wenigen Tage alten Kitze enthornt. Mir, die ich in einer Kleinstadt in Malaysia aufgewachsen bin – das heißt, einer Stadt von der Größe einer norwegischen Metropole –, sagen diese Beschreibungen –, jedenfalls herzlich wenig. Ein ähnliches Beispiel ist der Nichtverfärbende Schneckling, *Hygrophorus cossus,* der denselben Geruch haben soll, den auch die Raupe des Weidenbohrers absondert, wenn sie verletzt wird. Dieser Geruch mag sehr spezifisch sein, aber abgesehen von Insektenforschern gibt es vermutlich nicht viele Menschen, die ihn identifizieren können.

Und wahrscheinlich wollen sich auch die wenigsten dieses Wissen aneignen, indem sie an einer großen fetten, feuerroten Raupe mit kräftigem Mundwerkzeug schnüffeln. Außerdem könnte man den Stinkenden Samtschneckling, *Hygrocybe foetens,* erwähnen, der nach Mottenkugeln miefen soll, die in Norwegen inzwischen verboten sind, und den seltenen Rhabarberfüßigen Raukopf, *Cortinarius callisteus,* der angeblich »nach Dampflok« riecht. Auch den Phenolgeruch, der für die Identifizierung von giftigen Champignons entscheidend ist, kennen sicher nicht mehr viele.

Aprikosenduft und andere
(angelernte?) Aromen

Nach meinen ersten Versuchen, mich mit dem Pfifferlings-
duft vertraut zu machen, fand ich allmählich heraus, dass die
offiziellen Definitionen häufig Abkürzungen für eine weitaus vielfältigere Geruchslandschaft sind. Auf mich wirkten
diese Beschreibungen in der Pilzliteratur oft ein wenig arm-
selig. *Alles,* was man wahrnimmt, wenn man an einem Pilz
schnuppert, wird auf einen Bestimmungsgeruch reduziert.

Die führenden Köpfe der Szene erinnern uns wieder und
wieder daran, dass es in Bezug auf Pilze nun einmal keine
einfachen Regeln gibt, obwohl die Neulinge sich nichts
sehnlicher wünschen. Beim Thema Geruch ist das anders,
hier haben selbst unsere Kenner einfache Merksätze parat:
Der Weiße Anischampignon riecht nach Bittermandel, der
Milch-Brätling, *Lactarius volemus,* nach Meeresfrüchten.
Der Porphyrbraune Wulstling, *Amanita porphyria,* nach
roher Kartoffel. Und so weiter. Wein- und Bierkenner
haben ein reiches Vokabular zur Beschreibung der vielfältigen Aromen, Pilzkenner dagegen *reduzieren* die Komplexi-
tät. Ich vermute, das liegt nicht daran, dass sich die Vielfalt
der Pilzaromen von denen des Weines oder Bieres unterscheidet. Vielmehr suchen sich die Mykologen lieber eine
Abkürzung auf dem Weg durch die Geruchslandschaft.

Die Herausforderung für Anfänger besteht darin zu ergründen, was die Pilzprofis meinen, wenn sie von »Bittermandel«, »Meeresfrüchten« oder »roher Kartoffel« sprechen. Kenner wissen, wie ein Roter Heringstäubling, *Russula xerampelina,* riecht. Nämlich wie ein Roter Heringstäubling. Deshalb sind sie in einem tautologischen Labyrinth gefangen. Die »Pilzentriker« (die zum inneren Kreis der Pilzexperten gehören) haben längst vergessen, wie es ist, den Geruch des Roten Heringstäublings zu lernen, und können den Novizen, die noch außerhalb dieser Welt stehen und sie gerne betreten würden, nur wenig Hilfestellung bieten. Meine Aufgabe als Greenhorn bestand darin, den passenden Bestimmungsgeruch zu der Geruchslandschaft zu finden, in die ich meine Nase steckte.

Viel später, als ich selbst Pilzsachverständige war und eine Führung auf Hovedøya leitete, um dort Maipilze zu sammeln, waren mehrere Neulinge dabei, die noch nie welche gesehen hatten. Die ersten Pilze fanden wir schon kurz nachdem wir die Insel betreten hatten. Es ist schön zu beobachten, wie Menschen, die noch kaum in der Welt der Mykologie bewandert sind, zum ersten Mal Pilzglück erleben. Sie strahlen über das ganze Gesicht. Sie lächeln und kichern. Die extravertierteren Charaktere rufen, hüpfen und fuchteln mit den Armen. In solchen Momenten weise ich als Pilzführerin gern auch dezent in Richtung neuer Entdeckungen, um das Glück und die Dankbarkeit noch einmal zu erleben. Sie halten es kaum für möglich, dass jemand wirklich einen Fund mit ihnen teilen will, weil sie schon von der Geheimniskrämerei in der Pilzszene gehört haben. Diesmal steckte hinter meiner Großzügigkeit allerdings eine geheime Absicht. Ich wollte ihnen eine bestimmte Frage stellen. Wie riecht der Maipilz?

Alle waren sich einig, dass der Pilz einen sehr spezifischen Geruch hat, den man normalerweise nicht mit Pilzen in Verbindung bringen würde. Ich bekam die unterschiedlichsten Antworten: Lack, frische Farbe, Teeröl, Benzin, ranziges Öl, Walnuss und sogar Naphtalin – der Hauptinhaltsstoff von Mottenkugeln. Ein Teilnehmer meinte sogar, der Pilz rieche »fermentiert«.

Mit Interesse registrierte ich, dass niemand »nasses Mehl« erwähnt hatte, die übliche Beschreibung in der Pilzliteratur. Zufällig traf ich später an diesem Tag einen bekannten Koch, der mir ebenfalls ganz begeistert von seiner großen Maipilzausbeute auf Bygdøy berichtete. Er hatte den Pilz als Kind kennengelernt, seither aber nie wieder welche gefunden. An diesem Tag hatte er ihn sofort wiedererkannt – unter anderem wegen seines charakteristischen Geruchs. Ohne dass ich dieses Thema ansprach, protestierte er von sich aus gegen das ewige »nasse Mehl«, das die Pilzbücher zur offiziellen Referenz erklärten. Im Gegensatz zu den meisten anderen war er jedoch methodisch vorgegangen, um seinen Einwand zu begründen. Er hatte Mehl mit Wasser befeuchtet und zunächst daran gerochen, dann am Pilz und anschließend wieder am nassen Mehl. Mit der Schlussfolgerung, dass der Maipilz *nicht* nach nassem Mehl riecht. Er könnte recht haben. Der Däne Poul Printz schreibt, für frühere Verfasser sei Mehlgeruch noch *»der viel aufdringlichere Gestank von altem Mehl, wie es in Krusten an den hölzernen Teigtrogen klebte oder noch vom letzten Herbst im Mehlraum übrig war.«* Mit anderen Worten bezieht sich die Fachliteratur womöglich auf den Geruch längst vergangener Zeiten, als das Mehl nicht in sauberen Papierpackungen im Supermarkt verkauft wurde. Wieder ein Geruch, den die meisten von uns nicht kennen.

Vor Kurzem machte ich eine andere Führung mit blutigen Anfängern, bei der diese neben einigen Speisepilzen auch wichtige Giftpilze kennenlernen sollten. Einer der ersten, die wir fanden, war der bereits erwähnte Bocks-Dickfuß, *Cortinarius camphoratus,* in der Szene für seinen fiesen Geruch berüchtigt. Ich schnitt ihn der Länge nach durch und ließ alle daran schnuppern. Überraschenderweise war die Gruppe zwiegespalten: Die eine Hälfte fand, er würde »übel stinken«, die andere war der Meinung, er würde »gut und parfümiert duften«. Seither habe ich die Übung mit dem Bocks-Dickfuß jedes Mal wiederholt, wenn ich eine Anfängergruppe hatte, die noch nicht mit den »Bestimmungsgerüchen« der Pilzwelt vertraut ist. Das Ergebnis fällt immer gleich aus und ist ein weiteres Argument dafür, dass es grundsätzlich nicht zielführend ist, den Pilzgeruch mit subjektiven Vorzeichen zu beschreiben. Was den Bocks-Dickfuß angeht, könnte es gut möglich sein, dass viele Pilzkenner seinen Geruch nur deshalb abstoßend finden, weil sie es so *gelernt* haben.

Wenn man unbekanntes Terrain bereist, ob nun das Pilzreich oder die Trauerlandschaft, klammert man sich verständlicherweise gern an vorgefasstes Wissen. Leider sind die Handreichungen, die man erhält, nicht immer die nützlichsten.

Ich ärgere mich über die Euphemismen, die in unserer Alltagssprache für den Tod verwendet werden. Will man die Situation beschönigen? Wieso kann man die Dinge nicht einfach benennen? Ich bin hypersensibel und reagiere auf vieles, sowohl auf das, was gesagt wird, als auch auf das Ungesagte. In meinen Augen bohren manche zu tief und kommen mir zu nah, während andere künstlich Abstand halten. Bei Leuten, die Angst haben, etwas Falsches oder Aufwühlendes zu sagen, ist am wenigsten zu holen. Wenn sie so tun, als wäre nichts passiert, wenn sie ausweichen oder durch Abwesenheit glänzen, sorgen sie nicht für Trost, sondern lediglich für Enttäuschung und Resignation. Machen sie das mir oder sich selbst zuliebe? Wenn sie sich noch dazu trotzdem für gute Freunde halten, ist es umso schlimmer. Mir fehlt die Kraft, um darauf Rücksicht zu nehmen. Ich agiere und reagiere, ohne darüber nachzudenken, ob ich anderen damit die Stimmung verderbe. Und ich habe meine eigene Kommunikation so schlecht unter Kontrolle, dass ich nicht weiß, wen ich verletzt habe, und wie.

Oft bietet man uns Trauernden nur Banalitäten zur Orientierung. Gut gemeinte Ratschläge, dass ich mir doch einen Hund anschaffen könnte, oder der unbeholfene Trost, ich sei doch noch jung und hätte die Chance, einen neuen Mann zu finden, waren jedenfalls keine große Hilfe. Hätte ich mehr Energie gehabt, wäre ich wütend geworden. Die meisten Vorschläge waren als Wegweiser vollkommen nutzlos. Einen Strich zu ziehen und nach vorn zu sehen, ohne sich noch einmal umzudrehen, war für mich keine Lösung. Anscheinend sind viele der Meinung, man sollte die Talfahrten des Lebens möglichst schnell hinter sich bringen, und das ginge nur, wenn man fest die Zähne zusammenbeiße. Für diese Strategie habe ich wenig übrig, ich glaube, damit schadet man nur seinem Gebiss. Meiner Erfahrung nach ist die tröstende Wirkung von Floskeln gleich null. Wenn die wohlmeinenden Worte unbrauchbar erscheinen, sind wir – diejenigen, die Trost brauchen, und diejenigen, die Trost spenden wollen – doppelt hilflos. Da ich aber auch nicht weiß, was den Schmerz am besten lindert, kann ich wiederum schwer um etwas Konkretes bitten.

Als »junge Hinterbliebene« konnten mir Gleichaltrige nur selten helfen, weil sie sich in den Gefilden der Trauer in der Regel nicht auskannten. Außerdem leben wir in einer Gesellschaft, die den Tod eher als medizinische Niederlage betrachtet denn als Teil des Lebens. Wenn der Tod so wenig Raum in der Öffentlichkeit einnimmt, wird die Trauer zu etwas Privatem, zu einem Luxus, den wir uns nicht leisten können.

Obwohl früher oder später alle davon betroffen sind, ist jeder ein Amateur auf diesem Gebiet. Nichtsdestotrotz war ich fest entschlossen, mir den Luxus der Trauer zu gönnen.

Wenn man sich eingehender mit dem Thema Pilzgeruch befassen möchte, könnte der Begriff »stilles Wissen« von Interesse sein, d. h. Wissen, das man unbewusst verwendet. Die Sprache ist ein gutes Beispiel dafür. Menschen, die mehrere Sprachen fließend sprechen, ohne deren Grammatik erklären zu können, besitzen stilles Sprachwissen. Diese praktisch erworbenen Kenntnisse sind nur schwer zu übertragen. Man lernt sie durch eigene Übung oder von anderen Geübten, die ihre Erfahrungen teilen. Lehrlinge beispielsweise erlernen ein Handwerk, indem sie mit ihren Meistern zusammenarbeiten. Beobachtung, Nachahmung und Wiederholung sind die wichtigsten Voraussetzungen. Und Übung macht bekanntermaßen den Meister. Stilles Wissen kann man sich nicht anlesen. Deshalb haben die Beschreibungen eines Pilzgeruchs auch nur begrenzten Wert. Geruch muss wieder und wieder erlebt und wahrgenommen werden, bevor man ihn selbst als praktisches Wissen einsetzen kann. Und die Aufgabe des Anfängers besteht darin, genügend Erfahrung zu sammeln, um zu wissen, *wie* ein Bocks-Dickfuß riecht, aber nicht unbedingt, *wonach.* Dann hat man den Geruchscode der Szene geknackt. Erst dann versteht man, worüber die anderen sprechen.

Von der Kunst, eine Maus zu fangen

Als Eiolf starb, verlor ich den Zugang zu allem, was er konnte. Das galt nicht nur für sein »stilles Wissen«, sondern auch für alles andere, was er konnte und wusste. Er war sehr neugierig, vielseitig interessiert und belesen, und noch dazu erinnerte er sich an alles, was er las. Alle hatten ihn gern als Quizpartner. Deshalb war ich immer auf seine Antwort gespannt, wenn mich eine Frage beschäftigte. Er war ein guter Denker und mit seinem breiten Wissen auch der ideale Diskussionspartner.

Was hätte Eiolf gesagt oder getan?, ist eine Frage, die ich mir oft stelle. Durch die Antworten, die ich dann finde, gewinne ich neue Ideen und die Kraft, diese auszuprobieren. Das gilt nicht nur für große, wichtige Dilemmata, sondern auch für kleine Herausforderungen im Alltag. Zum Beispiel, wie man eine Maus fängt. Zu diesem Thema besaß ich kein Wissen, weder theoretisches noch praktisches, überschritt vor Kurzem jedoch die Grenze vom einen zum anderen und wurde selbst zur Mäusefängerin. Für jemanden, der einen Jagdschein besitzt und schon viel größere Tiere zur Strecke gebracht hat, ist eine Maus nur eine Kleinigkeit. Ich bin nicht wie die Frauen in den Comics der Fünfzigerjahre, die kreischend auf einen Stuhl springen, wenn ein solcher Nager auftaucht, aber trotzdem fiel das Mäusefangen bei unserer Arbeitsteilung definitiv nicht in meinen Bereich. Um so etwas kümmerte sich Eiolf, und ich brauchte mir keine weiteren Gedanken zu machen.

Die Luft war ungemütlich kalt geworden, der Herbst stand vor der Tür. Das war genauso eindeutig wie das leise Scharren, das ich nachts in der Kleingartenhütte hörte und das leider ein sicheres Zeichen dafür war, dass eine oder sogar zwei Mäuse eingezogen waren. Die Kammer, wo sich der Heißwasserbehälter befindet, ist ein angenehm warmer Zufluchtsort, wenn es draußen kalt und herbstlich wird. Obwohl ich mich sträubte, führte kein Weg daran vorbei. Ich musste handeln. Zögerlichkeit würde mich nicht weiterbringen. Insgeheim wusste ich genau, dass ich Eiolfs Lieblingsmausefalle der Marke »Giljotti« finden musste. Sie bricht der Maus sofort den Nacken, sobald diese sich dem Köder nähert. Es ist mir ein wenig peinlich, das zuzugeben, aber ich musste diese Tötungsmaschine einige Male hin- und herdrehen, um zu verstehen, wie sie funktionierte. So kann es gehen, wenn man als Kind nicht mit Lego gespielt hat. Um die Mechanik zu testen, benutzte ich einen kleinen Ast und fühlte mich ziemlich clever. Aber was sollte ich als Köder nehmen? Ob man eine Maus mit Speck verführen konnte? Es wurde tatsächlich der Speck. Ich stellte die Falle in die Kammer und legte mich nebenan ins Schlafzimmer. In jener Nacht sollte es eine Mondfinsternis geben, auf die alle gespannt warteten, weil bis zum nächsten Mal viele Jahre vergehen würden. Ich aber wartete auf die Maus.

Gegen halb zwei in der Nacht hörte ich nebenan Mäuseradau. Ich hielt den Atem an und lauschte. Merkwürdig, wie man sein Gehör schärfen kann, wenn man alle Aufmerksamkeit auf einen bestimmten Laut richtet. Ich lag stocksteif – konzentriert, angespannt – im Bett. Nur eine dünne Bretterwand trennte mich und die Maus. Es war unheimlich, direkt hinter meinem Kopfkissen den Todeskampf des kleinen Tieres mitzuverfolgen. Nach einer halben Ewigkeit wurde es still. Erleichtert atmete ich aus.

Im nächsten Moment drängte sich allerdings die Frage auf, wie ich die unglückselige Maus wieder loswurde, und ich beschloss, das Problem auf den nächsten Tag zu vertagen. Ich habe nicht vor, eine berühmte Mäusefängerin zu werden, konnte aber immerhin feststellen, dass in der Not auch zögerliche Witwen in der Lage sind, Mäusefallen aufzustellen.

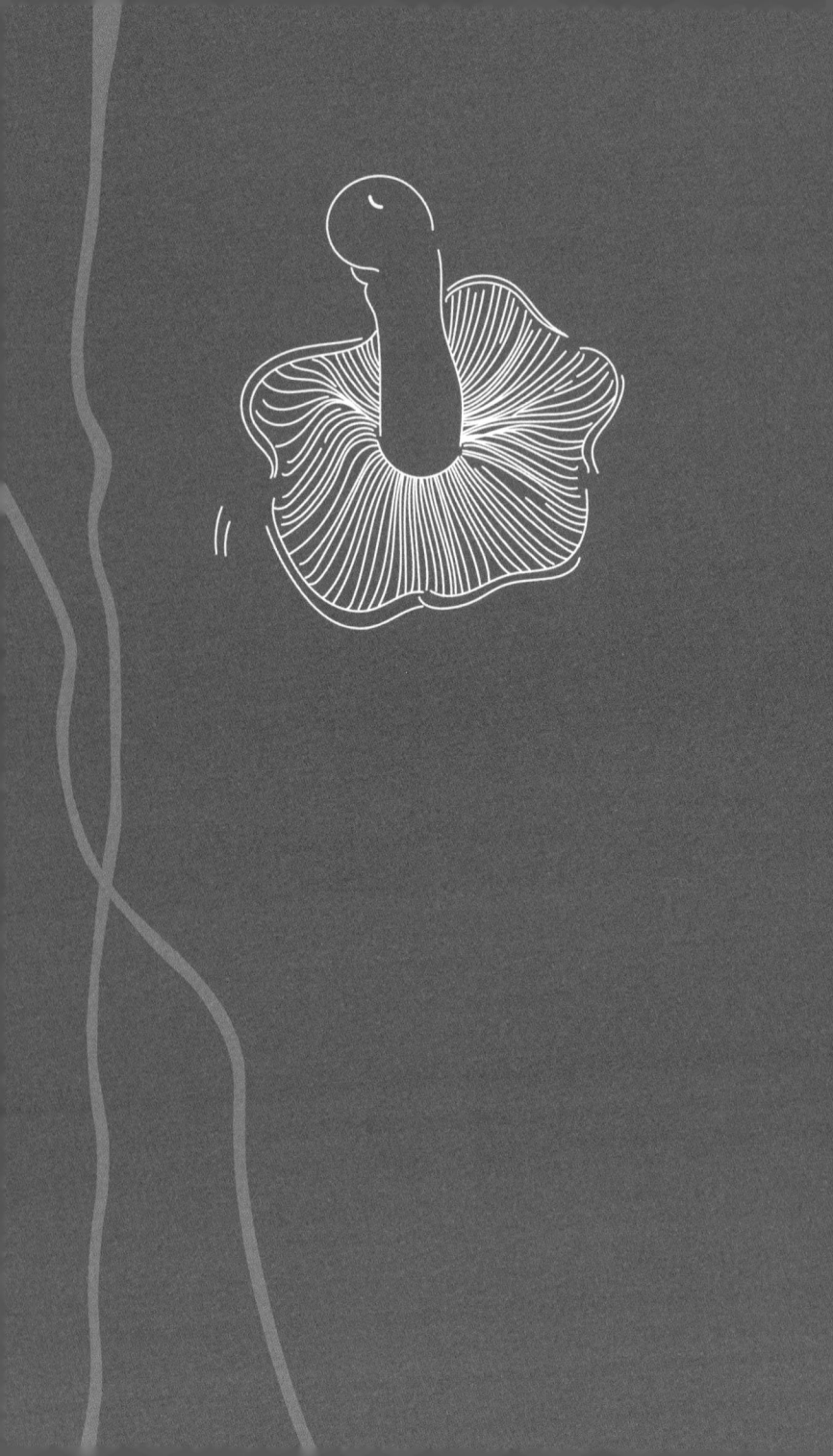

Geruchsseminar

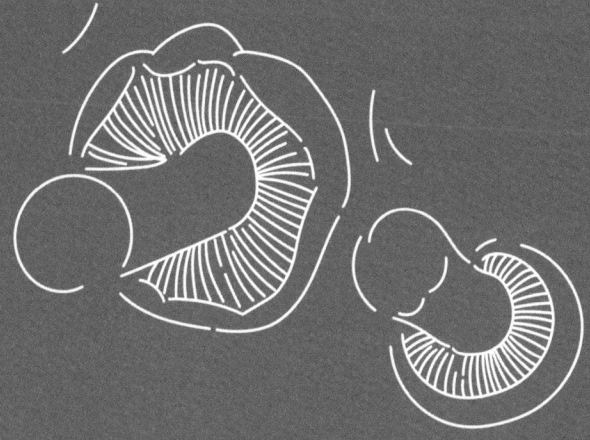

Ich träumte davon, ein Seminar zum Thema Pilzgeruch zu organisieren, bei dem *andere* Geruchsexperten uns Mykophilen erzählen sollten, was sie riechen, wenn man ihnen verschiedene Pilze unter die Nase hält. Leute, die keine Pilzkenner waren, sollten der Reihe nach an verschiedenen Arten schnuppern, wie wir es sonst taten. Aber wie konnte so etwas gelingen? Wer hatte eine gut geschulte Nase und ein reiches Vokabular, um seine Sinnesausdrücke zu beschreiben?

Bei einer Feier in Paris lernte ich M kennen. Er arbeitet in der Parfümbranche, sein großes Projekt besteht darin, eine Datenbank mit Gerüchen aufzubauen, die für diesen Bereich von Interesse sind. Als ein gemeinsamer Bekannter bei der Feier auftauchte, umarmte M ihn, identifizierte seinen Duft und lobte ihn für seine Wahl des Eau de Cologne, das seiner Meinung nach gut zu ihm passte. Ich war sehr beeindruckt von Ms detektivischem Geruchssinn. Er erklärte, dass Parfüms bei jedem anders riechen. Deshalb sei es bei seinem Kompliment nicht nur um das Eau de Cologne gegangen, sondern um die Kombination aus dem Duft und der Person selbst.

Inzwischen haben viele Promis entdeckt, wie groß der Markt für Produkte ist, die uns besser duften lassen. Deshalb müssen die traditionellen Parfümproduzenten heute mit Popstars wie Britney Spears, Beyoncé, Rihanna, Jennifer Lopez und Celine Dion konkurrieren, um nur einige zu nennen, die einen eigenen Duft auf den Markt gebracht haben. Das Thema beschäftigt uns. Wir geben nicht nur viel Geld für Parfüms aus; auch der Markt für Produkte zur Beseitigung bestimmter Körpergerüche ist groß.

Ich erklärte M von meiner olfaktorischen Herausforderung, wenn es um Pilze ging, und dass es nicht leicht für mich sei, die einzelnen Aromen zu identifizieren. M war der Meinung, bei diesem Problem gehe es nicht nur um Training. Er versuchte es mir anhand eines kleinen Ausflugs in seine Welt zu erklären. So, wie man Farben in Primärfarben aufteilt, geschieht es auch bei Parfüms, deren »Geruchsfamilien« beispielsweise orientalisch, blumig, holzig oder würzig sein können. Innerhalb jeder Familie gibt es weitere Unterfamilien. Die unterschiedlichen Parfümflaschen, die wir zu Hause haben, stammen häufig aus ein und derselben Familie, weil uns oft eine ganz bestimmte Note anspricht. Außerdem verwenden Experten gern Begriffe aus der Welt der Musik und sprechen von Noten, Tönen und Akkorden, die am Ende eine Komposition bilden. M zufolge haben manche Parfüms vielleicht nur zwei oder drei Elemente, wie ein kleines Duo oder Trio, wohingegen kompliziertere Parfüms ein ganzes Orchester aus verschiedenen Duftelementen sein können.

Ob man Pilzgeruch auch wie Musik beschreiben kann? Sind manche eher wie einfache Gesangsensembles, andere wie eine Big Band? All diese Fragen gingen mir durch den Kopf, während ich interessiert lauschte. Pilze, Musik und Wein haben gemein, dass sie viele Informationen in sich tragen und alle, die sie genießen, eigene Geschmackspräferenzen haben. M konnte mir auch erklären, warum seriöse Pilzkenner ihre Nase immer direkt in den Pilz bohrten, woran ich mich erst mal gewöhnen musste. Bevor wir etwas wahrnehmen können, müssen die Duftmoleküle von der Luft zur Nase getragen werden. Wenn wir unsere Nasenlöcher öffnen und am Pilz schnüffeln, gelangen diese Moleküle tief in die Nase hinein, wo das Riechepithel sitzt, eine Schleimhaut mit Rezeptoren, die sie auffangen. Dieser kleine Bereich von nur fünf Quadratzentimetern ist das Organ, das unendlich viele Gerüche registrieren und voneinander trennen kann. Von hier aus werden die Geruchssignale, die sich chemisch beschreiben lassen, direkt ans Gehirn weitergesendet.

»Im Grunde ist das reine Chemie«, sagt M.

Als die Linguistin Aisfa Majid die Sprache der Jehai untersuchte, einem Stamm von Jägern und Sammlern, und mit dem Englischen verglich, fand sie heraus, dass diese einen viel größeren Wortschatz zum Thema Gerüche besitzen. Möglicherweise käme bei einem Vergleich mit dem Norwegischen dasselbe heraus. Im Jehai gibt es beispielsweise Wörter für den Geruch von altem Reis, Pilzen, Kohl und verschiedenen Vogelarten. Wie das kommt, ist noch nicht genau erforscht, aber Majid mutmaßt, die Kunst des Überlebens im Dschungel zwinge einen dazu, sich nicht nur auf das Sehen, sondern auch auf das Riechen zu konzentrieren.

Es heißt, wenn Hunde reden könnten, würden wir sie trotzdem nicht verstehen, weil sie dann von subtilen Geruchsvariationen sprächen, die wir gar nicht erfassen können. Angeblich können Hunde eine ganze Landschaft riechen. Dasselbe soll auch für Bienen gelten – die so zu den Blüten finden, die sie brauchen. Professionelle Parfümeure können ebenfalls haarfeine Nuancen auffangen und sich in einem Vokabular darüber austauschen, das einen bestimmten Geruch direkt beschreibt. Für uns andere, die diese Parfümsprache nicht beherrschen, ergeben die Wörter keinen Sinn. Wir wissen nicht, dass »aromatisch« bedeutet: »Kampfer und Kräuter wie Lavendel, Rosmarin und Salbei«. Parfümeure unter sich verstehen aber genau dasselbe unter Wörtern wie Amber, animalisch, Creme, kühl, Fett, Gras, Leder, orientalisch, Kronblatt, Puder und Seife. Ihre Beschreibungen von Düften sind in einer eigenen, eher technischen Sprache gehalten. Und genau hier liegt der Hund begraben, glaube ich.

Insidersprache

In einem Artikel in *The New Yorker* erzählt John Lanchester, wie lange es gedauert hat, bis er verstand, was andere Kenner meinten, wenn sie sagten, ein Wein sei »körnig«. Dieser Geschmack war ihm zunächst entgangen, weil ihm die Worte fehlten, ihn zu beschreiben. Als ihm eines Tages die Erleuchtung kam, wusste er plötzlich, was die anderen meinten, und konnte die Erfahrung eines körnigen Weins mit anderen Kennern teilen, die über dasselbe Vokabular verfügten. Sie alle verknüpften ein konkretes Geschmackserlebnis mit dem Begriff.

Wenn man einer Subkultur angehört und eine präzisere, gemeinsame Sprache teilt, vergisst man leicht, wie es einem Außenstehenden ergeht. Von außen betrachtet könnte man den Verdacht haben, die ganze Fachsimpelei der Weinkenner über Rosen, Petrol, Pferdeschweiß, Kirsche und Asphalt sei nur hohles Gerede und Snobismus. Wir Außenstehenden können weder sehen noch schmecken oder riechen, wovon die Insider sprechen, und fühlen uns an »Des Kaisers neue Kleider« erinnert. Ganz gleich, ob es um Wein oder um Parfüms geht: Die Kenner unterhalten sich in einer technischen Expertensprache mit sehr genauen Referenzen. Verwirrend ist dabei vor allem, dass das verwendete Vokabular aus altbekannten Wörtern besteht, denen neue Bedeutungen zugeschrieben werden. Erst wenn man diesen anderen Gebrauch versteht, hat man die Kulturbarriere überwunden.

Will man den norwegischen Kulturcode knacken, reicht es nicht, nur die Sprache zu lernen – man muss die Kultur leibhaftig erleben. Vielleicht ist die Kommunikation über Parfüm-, Wein- oder Pilzgerüche mit dem Überwinden solcher Kulturbarrieren vergleichbar. Sind diese Hindernisse einmal bewältigt, indem man ein Aha-Erlebnis hatte und alles plötzlich einen Sinn ergibt, kann man nicht mehr zurückgehen. Das neue Wissen kann nicht wieder ent-lernt werden.

Wenn sich die Weinkenner ein Glas eingeschenkt haben, schließen sie die Augen, stecken ihre Nase tief ins Glas und ziehen den Duft ein. Sie vergessen alles um sich herum und konzentrieren sich nur auf die Aromen, die sich in ihrer Nase entfalten. Welche Gerüche erschnüffeln und erkennen sie? Welche erinnern an etwas, das sie bereits in ihrer mentalen Datenbank abgespeichert haben? Anschließend riechen sie ein zweites Mal am Wein, nachdem sie den Wein im Glas geschwenkt haben. Dadurch steigen die Aromen – flüchtige chemische Verbindungen – direkt in die Nase. Wenn man den Wein im Glas bewege, sei das so, als würde man die Musik lauterstellen, schreibt die Kennerin Ingvild Tennfjord. Das Aroma »explodiere« beinahe, ein überaus sinnliches Erlebnis. Und wenn man den Geruch der Weine besser erkennen könne, schmecke er auch besser, sagt sie.

Wie trainieren Weinkenner ihre Nase? Sie arbeiten ständig daran, ihr Archiv zu erweitern. Die Düfte werden memoriert und abgespeichert. Tennjord schlägt vor, ein Weinglas zur Hälfte mit – beispielsweise – Erdbeeren zu füllen. Anschließend solle man die Nase ins Glas hinabsenken, um die Aromen wirklich wahrzunehmen und sie sich zu merken. Auch wenn man denkt, den Duft von Erdbeeren zu kennen, führt diese Methode zu neuen, intensiveren Sinneseindrücken. Anschließend könnte man den Geruch von Erdbeeren beispielsweise mit dem von Himbeeren vergleichen. So geht man systematisch vor, um seine Weinnase zu schulen und das Geruchsrepertoire zu erweitern.

Hunde können zu »Pfifferlingsspürhunden« ausgebildet werden. Ob wir in der Lage wären, unseren Pilzgeruchssinn auf dieselbe Weise zu trainieren? Indem wir eine Auswahl von Pilzen mit charakteristischen Düften in Weingläser füllen und sie aufzureihen? Und jedes Glas fängt das jeweilige Aroma ein und konzentriert es. Wenn man den Geruch im einen Glas wiedererkennt, geht man zum nächsten über. Es wäre ein interessanter Test, wie viele Pilze wir nur aufgrund ihres Geruchs erkennen, mit verbundenen Augen. Und ein netter kleiner Wettbewerb für unser nächstes Vereinstreffen. Für den Anfang würde ich die Weingläser mit Pilzen füllen, die nach Mehl, Sperma, Aprikose, Rettich, Kokosmakronen, Bittermandel, Schmierseife, Meeresfrüchten, roher Kartoffel, Süßstoff, altem Grill und Curry riechen.

Als ich konkret damit anfing, ein Geruchsseminar zu planen, erwies sich das Budget unseres Vereins als zu klein, um einen Parfüm- oder Weinexperten einzuladen. Aber ich war von der Idee fasziniert, den Pilzgeruch von einer professionellen Nase beschreiben zu lassen, die nicht mit den Bestimmungsgerüchen der Pilzszene sozialisiert worden war. Was sollten wir tun?

Sensorische Expertengruppe

Unsere Rettung kam in Form einer sensorischen Expertengruppe, deren Aufgabe darin besteht, die Eigenschaften eines Nahrungsmittels zu beurteilen und zu beschreiben, und zwar nach Kategorien wie Farbe, Form, Geruch, Geschmack, Konsistenz, Geräusche und Schmerz. Letztere braucht man beispielsweise bei der Einschätzung von Chili, der aufgrund seiner Schärfe tatsächlich Schmerzen verursachen kann. Bei dieser Gruppe handelt es sich um ausgewählte Sensoriker, ein Beruf, der voraussetzt, dass die eigenen Sinne überdurchschnittlich ausgeprägt und sensibel sind.

Zum Glück fanden die Experten den Auftrag ebenfalls interessant, weil sie noch nie zuvor mit Pilzen gearbeitet hatten. Mit anderen Worten: Es war eine Win-win-Situation. Wir mussten uns natürlich auf die Pilze beschränken, die wir an dem Tag fanden, an dem die Experten ihrer Arbeit nachgehen sollten.

Sie durften sich mit Pilzen beschäftigen, die nach Meinung der Pilzleute sehr unterschiedlich und charakteristisch riechen. Die gründlichste und umfangreichste Analysemethode der Sensoriker nennt sich *beschreibende Profilierung.* Erst werden in einem Brainstorming *die Eigenschaften identifiziert.* Im zweiten Schritt einigen sich die Experten auf die *Intensität* jeder Eigenschaft, die das Produkt besitzt. In unserem Geruchsseminar wurde nur die erste Stufe in diesem Prozess vollzogen, das Brainstorming. Die Gruppe einigte sich auf die Eigenschaften, die ihrer Meinung nach die Pilze kennzeichneten, hatten aber nicht mehr die Gelegenheit, die Intensität der einzelnen Attribute zu bestimmen.

Das Ergebnis war folgendes:

Pilz	Laut den Geruchsrichtern	Laut der norwegischen Pilzliteratur
Mehl-Räsling *Clitopilus prunulus*	Holz, Pappe, Gurke	Frisches, feuchtes Mehl
Wohlriechender Korkstacheling *Hydnellum suaveolens*	Lavendel, Anis, süßlich, Chemikalien, Parfüm	Angenehmer Duft
Filziger Milchling *Lactarius helvus*	Curry, Gummi, Brauner Zucker, verbrannt	Curry, Brühwürfel, Liebstöckel, Fenchel, Cumarin, Kräuter
Porphyrbrauner Wulstling *Amanita porphyria*	Erde, Keller, Nüsse, Kartoffel, Rübe	Rohe Kartoffel
Gurkenschnitzling *Macrocystidia cucumis*	Fisch, See, Lachs, Gurke	Gurke, Fisch
Erdblättriger Risspilz *Inocybe geophylla*	Ammoniak, Metall, Moos, Erde, Gras	Sperma
Blasser Kokosflocken-Milchling *Lactarius glyciosmus*	Gummi, Diesel, Radiergummi, Kokos, Kräuter, Keller, Moos, Schimmel	Frisch gebackene Kokosmakronen
Duftender Gürtelfuß *Cortinarius paleaceus*	Erde, Rinde, Metall, Moos	Pelargonien
Stink-Schirmling *Lepiota cristata*	Chemikalien, Erde, ekelerregend	Unangenehmer chemischer Geruch
Roter Heringstäubling *Russula xerampelina*	Ammoniak, vergammelter Fisch	Fisch (Hering)

Pilz	Laut den Geruchsrichtern	Laut der norwegischen Pilzliteratur
Violettstieliger Täubling *Russula violeipes*	Plastik, Fisch, Moos	Meeresfrüchte
Weißer Anischampignon *Agaricus arvensis*	Lakritz, Wald	Bittermandel
Dünnfleischiger Anisegerling *Agaricus silvicola*	Lakritz, verbrannt, Anis, Moos, Salmiak, Erde	Bittermandel
Echter Pfifferling *Cantharellus cibarius*	Karotte, Terpentin, süßlich, Wald, Moos	Getrocknete Aprikose
Tongrauer Tränen-Fälbling *Hebeloma crustuliniforme*	Erde, Keller, Waldboden	Rettichartig
Süßriechender Fälbling *Hebeloma sacchariolens*	Künstliche Süßigkeiten, Medizin, Linoleum, neues Auto	Süßlich, fruchtig, ausgeprägt
Niedergedrückter Rötling *Entoloma rhodopolium*	Schmierseife, Schimmel, Kiefer	Seifig

Anhand dieser Beschreibungen unseres Geruchspanels ist zu erkennen, dass sie nur zur Hälfte mit der norwegischen Fachliteratur übereinstimmen.

Ich überlegte, wie es sich wohl mit der Pilzliteratur aus anderen Ländern verhielt. Eine kurze und eher zufällige Konsultation der amerikanischen Handbücher ergab, dass man dem Mehl-Räsling nachsagt, er würde, zusätzlich zu den üblichen Beschreibungen wie mehlartig (»*mealy*«), ein wenig nach Gurke duften (»*somewhat like cucumber*«), was ich in Norwegen noch nie gelesen hatte. Außerdem meinten die Amerikaner, der Porphyrbraune Wulstling würde nach Rettich riechen (»*radish, turnip-like*«). In diesen Fällen hatte unsere Expertengruppe also etwas Ähnliches wie die Amerikaner erschnüffelt.

Dieses kleine Experiment zeigt dennoch, wie fraglich manch eine etablierte norwegische Wahrheit über den Pilzgeruch ist. Obwohl zehn Fachleute vier Stunden tätig waren, zusammengenommen also eine ganze Arbeitswoche, gäbe es noch viel zu tun. Es wäre spannend gewesen, mit der Expertengruppe weiterzuarbeiten. Vielleicht trägt das vorläufige Ergebnis aber zu der Erkenntnis bei, dass wir noch ein großes Stück Weg vor uns haben, was die Geruchsattribute der Pilze angeht. Und vielleicht könnte es den Anstoß geben, unsere Nasen für die Pilze weiterzuentwickeln.

Wein, Käse, Kaffee und Olivenöl haben internationale standardisierte »Aromaräder«, anhand derer man das »Mundgefühl« beschreibt, den Geruch und den Geschmack der Produkte. Dieses Schema erleichtert die Kommunikation. Wenn Weinkenner beispielsweise von einem karamellisierten Aroma sprechen, können sie die Art des Karamells noch weiter spezifizieren – ob es eher in Richtung Melasse, Schokolade, Sojasauce, Butter, Malz oder Honig geht. Man stelle sich vor, es gäbe ein eigenes Aromarad für Pilze!

Norwegen ist gerade dabei, den DNA-Strichcode seiner Pilze im globalen *Barcode of Life*-Projekt zu erfassen. Aber die DNA der Pilze auf der ganzen Welt zu digitalisieren ist etwas ganz anderes, als das analoge Erlebnis des Pilzgeruchs zu beschreiben. Warum fehlen uns die Worte für eine präzise Einordnung und, was vielleicht noch interessanter ist, wie konnte es dazu kommen? Als ich die Frage mit einem Mykologen vom Naturhistorischen Museum in Oslo diskutierte, hatte er eine Hypothese: Der berühmte schwedische Mykologe und Begründer der Pilzsystematik, Elias Fries, rauchte Zigarre. Seine Werke *Systema mycologicum* (1821–1832), *Elenchus fungorum* (1828), *Monographia hymenomycetum Sueciae* (1857, 1863) sowie *Hymenomycetes Europaei* (1874) sicherten ihm zwar den Status eines wichtigen, wenn nicht des wichtigsten Vaters der modernen Pilztaxonomie. Aber wie allgemein bekannt, beeinträchtigt Rauchen den Geruchssinn.

Ich frage mich, wie es um Fries' Geruchssinn bestellt war.

Alte und neue Gewohnheiten

Ich kenne Trauernde, die von einem Tag auf den anderen mit dem Rauchen aufgehört haben, und andere, die wieder damit anfingen. Zum Glück war ich dem Tabak nie verfallen. Als ich ein Kind war, bot mir mein Vater, der selber Nichtraucher war, eine Zigarette an. Wie sich herausstellte, war das eine kluge Methode, um uns Kinder für immer gegen diese Versuchung immun zu machen.

Einmal lud die Fransiskushjelpen zu einem Abend mit einer Witwe ein, die berichten sollte, wie sich ihr neues Leben entwickelt hatte. Auf dem Podium standen zwei bequeme Sessel: einer für die Frau, einer für ihren Gesprächspartner von der Fransiskushjelpen. Er stellte Fragen, und die Witwe antwortete. Es wurde ein interessanter Abend, aber ich war überrascht, als ich hörte, dass die Frau vor zehn Jahren ihren Mann verloren hatte. Zehn ganze Jahre. Sie hatte viel Zeit mit Trauern zugebracht, dachte ich.

Wir trauern unterschiedlich lange, aber jeder braucht Zeit, bis all die Teile sich zu einem sinnvollen Ganzen neu zusammenfügen. Dazu gehört auch die Sprache. Als Erstes musste ich lernen, den korrekten Tempus zu benutzen, und von nun an im Präteritum von Eiolf sprechen und nicht mehr im Präsens. Anfangs kam es mir verkehrt vor, weil er nach wie vor so gegenwärtig war. Es dauerte auch, bis ich herausgefunden hatte, wann ich von »wir« sprechen konnte und wann »ich« passender war. Am schwierigsten fand ich es, den Namen meiner Firma zu nennen, der sich aus unseren beiden Nachnamen zusammensetzte, und neuen Kunden zu antworten, wenn sie mich fragten, zu wem der zweite Name gehörte. Eine Zeit lang überlegte ich sogar, ob ich den Firmennamen ändern sollte, um diese für mich schwierige Situation zu umgehen. Im Berufsleben musste ich professionell sein und so tun, als würde ich nicht mehr trauern, obwohl ich in Wirklichkeit immer noch in einem billigen Gummiboot mitten auf dem Trauermeer umhertrieb.

Wann hört man eigentlich auf zu trauern? Wie viele qualvolle Stunden setzt es voraus? Die Trauer ist ein strenger Meister, der harte Bedingungen stellt.

Die Besinnung verlieren und wiederfinden?

Um sich mit Pilzen auszukennen, muss man alle Sinne trainieren, vor allem den Geruchssinn. Nur so kann man relevante Informationen zu ihrer Bestimmung sammeln. Das fiel mir schwer. Vielleicht lag es auch daran, dass ich nicht nur Anfängerin war, sondern meine Sinne zusätzlich auch noch von der Trauer außer Gefecht gesetzt waren. Könnte es sein, dass die Vertiefung meines Pilzwissens auch dazu führte, dass ich schneller ins Leben zurückfand, mich wieder besann? Die Welt nach und nach wieder wahrzunehmen war so, als würde ich aus einem hundertjährigen Schlaf geweckt. Etwas wahrzunehmen heißt, präsent zu sein. Als ich gezwungen war, die Dinge auf eine neue Weise wahrzunehmen, hörte ich allmählich auf, mein Dasein als Witwe von außen zu betrachten, und nahm mein eigenes Leben in Angriff.

Möglicherweise hängen meine beiden Reisen – die unfreiwillige durchs Labyrinth der Trauer und die höchst freiwillige in die Welt der Pilze – auch so zusammen?

Das Unaussprechliche

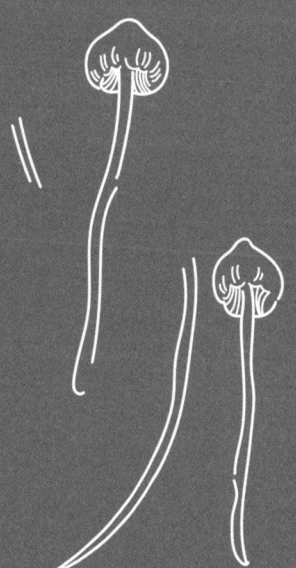
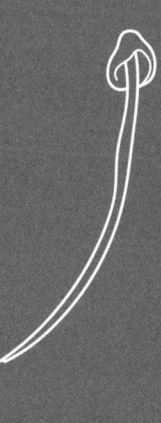

Wenn man »mushroom« googelt, stellt man fest, dass im Internet nicht die essbaren Pilze dominieren, sondern psychoaktive. Wer im Cyberspace auf Pilzsuche geht, interessiert sich vor allem für deren halluzinogene Eigenschaften. Außerdem kursieren viele Theorien zum »Berserkergang« der Wikinger und der Einnahme von Pilzen, und genauso populär ist die Annahme, samische Schamanen hätten den Urin von Rentieren getrunken, die zuvor Fliegenpilze gefressen hatten. Obwohl der Urin von Rentieren tatsächlich von samischen Heilern als Medizin eingesetzt wurde, ist an den Geschichten über den Konsum von berauschenden Pilzen bei Samen und Wikingern nicht viel dran. Viele, auch ich, sind enttäuscht, wenn sie hören, dass es keine seriösen Forschungsergebnisse gibt, die diese kuriosen Gerüchte bestätigen würden.

Als wir studierten, hatte Eiolf einen Freund, der alles rauchte, was ihm zwischen die Finger kam. Er träumte davon, einmal einen Spitzkegeligen Kahlkopf zu finden, aber ich glaube, am Ende blieb es lediglich beim Anbau von »Tabakpflanzen«, obwohl er ständig von »Psilos« redete. Jedenfalls bekam ich diese Pilze nie zu Gesicht.

Der Pilz, der nicht erwähnt werden darf

Die Kahlköpfe haben Eigenschaften, die den Menschen schon seit über hundert Jahren faszinieren. Als R. Gordon Wasson, der Vater der Ethnomykologie, in den Fünfzigerjahren nach Mexiko reiste, erfuhr er, dass es dort circa 50 verschiedene Arten dieser Psilocybe gibt. Von den Einheimischen wurden sie in Verbindung mit sakralen Ritualen eingesetzt. Er war neugierig, weil seine Informanten ihm erzählt hatten, diese heiligen mexikanischen Pilze könnten einen »dahin bringen, wo Gott ist«. (»*Le llevan ahí donde Dios está.*«)

Als ich nach einigen Jahren als Pilznovizin vor der Prüfung zur Pilzsachverständigen stand, verschlang ich alle Fachbücher, die ich über den Lehrstoff hinausgehend finden konnte. Nachdem ich einen ganzen Stapel Bücher durchgelesen hatte, stieß ich plötzlich auf das Bild eines Spitzkegeligen Kahlkopfs. Aus irgendeinem Grund hatte ich diesen Pilz – den ich schon so lange kannte – nie mit meinem neuen Interesse in Verbindung gebracht und war plötzlich ganz perplex.

Mich überraschte das Bild, das einen kleinen und unauffälligen Pilz zeigte. Diese sagenumwobene Sorte, die angeblich magische Kräfte haben sollte, sah ziemlich ordinär und langweilig aus. Dann ging mir auf, dass in keinem der anderen Pilzbücher, die ich bisher gelesen hatte, ein Bild vom Spitzkegeligen Kahlkopf zu sehen gewesen war. Ich nahm sie mir noch einmal vor. Diesmal schlug ich sogar im Register nach. Einige Bücher enthielten tatsächlich ein oder zwei kurze Sätze über den Pilz, aber in den Illustrationen tauchte er nicht auf. Was war der Grund?

Wenn man bedenkt, welch großes Interesse im Internet an den psychoaktiven Pilzen herrscht, ist das Schweigen über die heimischen Kahlkopfarten in der Fachliteratur ziemlich auffällig. Möglicherweise war es aber auch reiner Zufall, und nur die Bücher, die ich gelesen hatte, räumten ihnen keinen Platz ein. Normalerweise bin ich keine Anhängerin von Verschwörungstheorien, aber was, wenn es *kein Zufall* war? Gab es eine schweigende Übereinkunft unter Pilzkennern, Informationen über Kahlköpfe geheim zu halten? Wollte man absichtlich nicht zu deren Identifizierung beitragen?

Das roch nach einem Komplott, einem abgekarteten Spiel.

Ich präsentierte meine Theorie einem Nestor im Verein, der mir versicherte, eine solche Absprache gebe es keineswegs, weder formell noch informell. Als ich mich erkundigte, ob es jemandem im Verein gebe, den ich interviewen könne, um mehr über den Spitzkegeligen Kahlkopf zu erfahren, reagierte er allerdings zutiefst erschrocken. Seine heftige Reaktion verriet mir, dass ich ein sensibles Thema angeschnitten hatte. Er fragte mich sofort, ob ich wisse, dass man nach der Einnahme dieses Pilzes in ein Koma fallen könne, aus dem man im schlimmsten Fall nie wieder aufwachte.

Seine Reaktion, die mir etwas übertrieben schien, ließ mich aufmerken. Natürlich waren die psychoaktiven Pilze ein gesellschaftliches Tabuthema, aber dass es allem Anschein nach selbst unter Pilzkennern verpönt war, irgendein Interesse für genau diese Art zu hegen, erstaunte mich. Möglicherweise war es naiv, aber von einem respektierten alten Kenner hätte ich mir eine mykologisch fundierte und weniger emotionale Antwort erwartet. Er machte mir keine Angst mit seiner vermeintlichen Information, die ganz offensichtlich nur eine Absicht hatte: meine Neugier im Keim zu ersticken. Um ehrlich zu sein, bewirkte er damit sogar das genaue Gegenteil.

Ich beschloss, eine andere, hoffentlich neutralere Quelle zu finden. Gab es jemanden, der keine verborgene Absicht hatte, wenn es um den Spitzkegeligen Kahlkopf ging? Oder teilte dieser kontroverse Pilz die Leute in zwei Lager, Freunde und Gegner, mit ihren jeweiligen Wahrheiten?

Es war nicht leicht für mich, jemanden zu finden, der mit mir darüber sprechen wollte, aber nach mehreren vergeblichen Versuchen gelang es mir, eine erste Verabredung zu treffen.

Ein wenig nervös komme ich zur vereinbarten Zeit zum St. Olavs Plass. N hat sich bereit erklärt, mich zu treffen. Ich kenne N nicht, ein gemeinsamer Freund hat den Kontakt zwischen uns vermittelt. Ich setze mich hinter die große Scheibe des Cafés und beobachte die Leute, die kommen und gehen. Könnte es der Typ sein, der einen schweren, langsamen Gang hat, eine Kippe im Mundwinkel und eine Zeitung unterm Arm? Oder der Mann mittleren Alters mit ersten grauen Haaren, der sehr sympathisch aussieht? Möglicherweise auch der da drüben im Mantel, der es nicht eilig hat. Anscheinend muss er heute nicht arbeiten, weil er mitten am Tag so frei und losgelöst wirkt. Ich kann mir genau vorstellen, wie er auf der Suche nach Spitzkegeligen Kahlköpfen auf den Friedhöfen der Stadt umherstreift. Ich weiß nicht, wie N aussieht und wie alt er ist. Ich hatte seine Mobilfunknummer im Internet recherchiert, bevor ich zu dem Treffen kam, und festgestellt, dass der Anschluss unter einem anderen Namen registriert ist. Vielleicht ist N nur ein Deckname? Mehrere potenzielle Kandidaten tauchen auf, aber keiner von ihnen scheint nach mir Ausschau zu halten. Eigentlich wollten wir uns schon vor fünf Minuten treffen. Ich beschließe, N anzurufen. Kaum habe ich die Nummer gewählt, fängt das Handy des jungen Mannes direkt neben mir an zu heulen; er hat eine Polizeisirene als Klingelton. N war die ganze Zeit in meiner Nähe.

Wir begrüßen uns vorsichtig. Ich bin überrascht, dass er so jung ist. Er ist dünn, und seine Haut ist glatt und hat eine jugendliche Frische. Seine Haare wirken ungekämmt, aber vielleicht ist das gerade modern? Die Frisur passt zu seinem sonstigen Stil: N trägt eine sehr zerschlissene Lederjacke mit Fransen und Knöpfen und eine tiefsitzende schwarze Röhrenjeans über seinen schmalen Hüften. Er konsumiert den Spitzkegeligen Kahlkopf regelmäßig. Seine Stimme ist gedämpft, und er wirkt ein wenig verlegen. Ob der Pilz introvertiert macht?

Ich sage ihm, ich sei dankbar, dass er mit mir sprechen wolle, und würde gern mehr über seine Erfahrungen hören. Als Anthropologin bin ich es gewohnt, andere Menschen zum Reden zu bringen. N ist zwar zurückhaltend, aber kein schwieriger Gesprächspartner. Es scheint ihm Spaß

Spitzkegeliger Kahlkopf, *Psilocybe semilanceata*

zu machen, meine Fragen zu beantworten. Er beginnt zu reden, und schon bald sprudeln die Wörter nur so aus ihm hervor. Für ihn sei das Wort »Pilz« gleichbedeutend mit dem Spitzkegeligen Kahlkopf. Eine Dosis von zwei bis drei Stück hält er für angemessen. Er spricht noch leiser, als er mir erzählt, er habe auch vor unserem Treffen zwei bis drei Psilos eingenommen. Ich war neugierig, wie oft er eine solche Menge konsumierte, und er sagte, dazwischen könnten durchaus ein bis zwei Monate vergehen. Auch das überraschte mich, vielleicht hängt das aber auch nur mit meinem mangelnden Wissen über den Pilzrausch zusammen. Möglicherweise war N immer noch »high« von den Pilzen, als wir uns trafen, aber er wirkte sehr klar im Kopf.

Professor Høiland nimmt eine sachliche Einordnung vor

Zu meiner großen Freude entdeckte ich kurz darauf, dass Professor Høiland, mit dem ich schon früher in Kontakt gewesen war, einige wissenschaftliche Artikel über den Spitzkegeligen Kahlkopf verfasst hatte. Es war Zeit für ein neuerliches Kaffeetrinken im Institut für Biologie auf dem Campus Blindern.

Professor Høiland betonte gleich zu Beginn, dass der

Kahlkopf *nicht* abhängig mache. Außerdem, so fuhr er fort, gehöre er auch nicht zu unseren giftigsten Pilzen. Ich erwähnte die Gefahr, in ein ewiges Koma zu fallen, von der ich gerade gehört hatte, aber darüber lachte er nur.

»Hat er das wirklich gesagt?«, fragte er grinsend.

Anschließend erzählte er mir, was diesen Pilz so umstritten mache, sei in erster Linie seine starke Wirkung. Die Stoffe Psilocin und Psilocybin – Gifte, die sowohl in ihrer Struktur als auch in ihrer Wirkung an LSD erinnern, machen den Pilz psychoaktiv. Das Gift wirkt direkt auf das zentrale Nervensystem und kann die Konsumenten obendrein psychomotorisch beeinflussen, etwa indem verschiedene Sinneseindrücke vermischt werden, und auch nachdem die Stimulation längst nicht mehr existiert noch lange anhalten. Licht-, Geräusch- und Geruchserlebnisse werden anders wahrgenommen als im klaren Zustand. Die Funktion des Gehirns verändert sich und dadurch vorübergehend auch Perzeption, Stimmung, Bewusstsein und Verhalten. Davon abgesehen ist die Wirkung dieser Stoffe auf Gehirn und Gemüt noch weitgehend unerforscht. Erst, wenn das Pilzgift vollständig vom Körper abgebaut wurde, endet auch die Wirkung. Und hierbei handelt es sich zweifelsohne um ziemlich heftige Effekte.

Weltweit gibt es etwa 200 Pilzarten, die die Stoffe Psilocin und Psilocybin enthalten, ein Großteil davon fällt unter die Gattung der Psilocyben. Meist sind sie klein und dünnfleischig. Als Saprophyten wachsen sie auf organischem

Material wie Mist, Baum- und Pflanzenresten, Erde und Moos. Feuchte Wiesen oder Reiterhöfe sind ebenfalls geeignete Orte, um diese Pilze zu finden.

Die Behauptung, im Osloer Gefängnispark in Grønland solle es ebenfalls welche geben, habe ich übrigens auch öfter gehört, als ich auf der Suche nach Informanten war. Vielleicht ist das eher das Wunschdenken der Insassen, ich bin der Sache bisher nicht weiter nachgegangen.

Sachliche Information vs. Pilzrauschepidemie

In Norwegen wird der Spitzkegelige Kahlkopf von Leuten, die sich an wildwachsenden Pilzen berauschen wollen, am häufigsten konsumiert. Er fällt unter die Bestimmungen des Betäubungsmittelgesetzes, nach dem »die Herstellung, die Ein- oder Ausfuhr, der Erwerb, die Aufbewahrung oder der Verkauf von als Narkotika eingestuften Stoffen mit Geldbußen oder bis zu zwei Jahren Haft geahndet werden kann«.

Die Pilzvereine des Landes arbeiten daran, das Wissen über Pilze zu vergrößern – mit Ausnahme des Spitzkegeligen Kahlkopfs, an dem sich die Geister scheiden. Einerseits schreiben Mykologen wie Professor Høiland schon seit Jahren wissenschaftliche Artikel über diesen Pilz und seine verwandten Arten, die auch in der Mitgliederzeitschrift veröffentlicht werden. Ich habe selbst schon einen Vortrag auf einem jährlichen Landestreff besucht, bei dem Professor Høiland beschrieb, wie ein solcher Pilzrausch aussehen könnte. Andererseits habe ich auch erlebt, wie die Veteranen in meinem örtlichen Verein sofort dichtmachten, sobald ich mehr erfahren wollte.

Wenn man das Betäubungsmittelgesetz kennt, ist es verständlich, dass manche lieber mucksmäuschenstill dasitzen, wenn es um den Spitzkegeligen Kahlkopf geht, und hoffen, das Fehlen gesicherter Information würde jede Neugier schon im Ansatz unterdrücken. Doch die Taktik, lieber Abstand zu nehmen und seine Abscheu gegenüber den psychoaktiven Pilzen kundzutun, muss auch in einem größeren kulturellen Zusammenhang betrachtet werden. Sie scheint mit dem Grundgedanken der norwegischen Drogenpolitik übereinzustimmen, dass man die Leute vor sich selbst schützen müsse. Entweder verbietet man die Drogen per Gesetz oder versucht den Schaden zu begrenzen, in dem man eine Altersgrenze einführt und den Verkauf kontrolliert.

Als Zugewanderte waren Norwegens staatliche Maßnahmen gegen übertriebenen Alkoholkonsum ein Schock für mich. Der Gedanke, dass alle, unabhängig von ihrem Alter, zu allen Tages- und Nachtzeiten Alkohol kaufen können, ist für Norweger unerhört. Wenn das der Fall wäre, würde dieses friedliebende Volk sofort außer Rand und Band geraten, denkt man. Da ich in einem Land aufgewachsen bin, dessen Trinkkultur das genaue Gegenteil ist, wusste ich, dass diese Annahme wohl eher auf kulturell bedingten Überlegungen und angelernten Reflexen beruht.

Beim Thema Spitzkegeliger Kahlkopf scheint so mancher zu denken, jede Information, die nicht abschreckend wirke, führe automatisch zu Gesetzesverstößen und einem Massenpilzrausch. Deshalb gelte es, das Wissen darüber so weit wie möglich zu unterbinden. Ich muss an die negative Haltung konservativer oder religiöser Menschen gegenüber der Sexualaufklärung denken. Dahinter steht die Annahme, solche Informationen würden zu mehr Sex unter Jugendlichen führen. Man hofft, der Mangel an gesichertem Wissen und die Angst vor einer Schwangerschaft würde zügellose Ausschweifungen unter den jungen Leuten wie von selbst verhindern.

Die Haltung, man solle besser keine Informationen über den Spitzkegeligen Kahlkopf in Umlauf bringen, ist auch in den sozialen Medien recht weit verbreitet. Als kürzlich ein Foto von einem kleinen Pilz mit der Bitte veröffentlicht wurde, bei der Identifizierung zu helfen, wurde dies sofort bagatellisiert, um dem potenziell gesundheitsgefährdenden Verhalten einen Riegel vorzuschieben.

Hier ein Teil der Kommunikation:

»Hat keinen Zweck, etwas über diesen Pilz zu lernen. Zu klein, um ihn zu essen.«

»Man kann doch wohl trotzdem etwas über ihn lernen wollen?«

»Tja, aber ich habe den Verdacht, dieser hier könnte verboten sein.«

»Denkst du an den Spitzkegeligen Kahlkopf?«

»Solche Fragen beantworte ich hier nicht.«

Schließlich schreibt jemand anderes, es handele sich vermutlich um den Heudüngerling, *Panaeolina foenisecii,* ein Pilz, der unter psychoaktiven Gesichtspunkten vollkommen uninteressant sei. Damit beendete er diese ziemlich typische Diskussion. Viele erleben den Kahlkopf als etwas geradezu Unmoralisches, einen Pilz, der so gefährlich ist, dass man besser nicht über ihn spricht. Die Leute daran zu hindern, den Pilz zu testen, wird als ein hehres Ziel betrachtet, das niemand infrage stellt. Was im Grunde nichts anderes bedeutet als soziale Kontrolle und eine Einschränkung der Meinungsfreiheit.

Dass Leute, die neugierig auf Pilze sind, nach dem Spitzkegeligen Kahlkopf fragen, ist eigentlich nicht sehr verwunderlich. Schließlich handelt es sich dabei neben dem Pfifferling um den einzigen Wildpilz, von dem die meisten schon einmal gehört haben. Meiner Meinung nach hätten gerade Pilzkenner eine gute Ausgangsposition, um auf eine sachliche und nüchterne Art und Weise zu informieren und Fragen zu beantworten.

Wie gefährlich ist der Spitzkegelige Kahlkopf tatsächlich? Von den Gesundheitsbehörden erfährt man, dass bisher keine körperlichen Schäden nachgewiesen wurden, der Konsum jedoch eine Reihe von psychischen Beschwerden zur Folge haben kann. Der Rausch wird mitunter als sehr beunruhigend empfunden, weil es manchmal zu bedroh-

lichen Sinneseindrücken kommt, die auch die Wahrnehmung der Realität verändern. Was wiederum zu Angstre-
aktionen führen kann und schließlich auch zu mentalen
Störungen. Wenn der Betreffende schon vorher psychische
Probleme hatte, beispielsweise unter einer Depression litt,
wird diese Grundstimmung häufig verstärkt. Außerdem
sind noch lange nach dem eigentlichen Rausch Flashbacks
von Eindrücken möglich, die der Konsument währenddessen erlebt hat, was ebenfalls Angst auslösen kann. Diese
»Nachhallerinnerungen« entstehen dadurch, dass Psilocin
fettlöslich ist und sich deshalb im Fettgewebe des Gehirns
ablagert. So kann es noch lange nach der Einnahme einen
Rausch erzeugen und zu bedrohlichen Situationen führen.
Weitere auftretende Nebenwirkungen sind Unruhe, Kopfschmerzen, Verwirrung, Übelkeit, Verdauungsprobleme,
Schwindel und Gedankenschleifen. Auch besteht das Risiko,
dass sich Krankheiten wie Epilepsie unter dem Einfluss des
Pilzes verschlimmern. Außerdem sollte man ihn nicht zusammen mit Alkohol zu sich nehmen. Der Spitzkegelige
Kahlkopf kann zudem Psychosen auslösen. Aus all diesen
Gründen muss die Einnahme des Pilzes als gefährlich ein-
gestuft werden.

Professor Høiland ist allerdings der Meinung, dass es
wichtig sei, eine sachliche Einordnung vorzunehmen und
festzuhalten, dass die größte Gesundheitsgefahr durch Drogen weltweit nach wie vor von Alkohol und Tabak ausgeht
und der Spitzkegelige Kahlkopf, zusammen mit LSD, eher

am unteren Ende der Liste rangiert. »*Curiouser and curiouser*«, dachte ich, wie Alice im Wunderland. Und hatte wieder das Bild vor Augen, das mich als junge Austauschstudentin aus Malaysia so sehr schockierte, als ich nach Norwegen kam: sturzbesoffene, enthemmte Norweger, die an einem ganz normalen Freitagabend durch die Stadt torkelten. Ich brauchte lange, um die verschiedenen norwegischen Vokabeln zu lernen, mit denen man die unterschiedlichen Stadien der Trunkenheit beschreibt; in Malaysia ist man entweder nüchtern oder voll. Und es ist interessant, aber auch merkwürdig, dass die Droge Alkohol sozial vollkommen akzeptiert ist, während der Spitzkegelige Kahlkopf unter das Betäubungsmittelgesetz fällt. Die Frage, warum das so ist, müssen wir leider erst einmal auf sich beruhen lassen.

Psilorausch

Wie gestaltet sich der Rausch der psychoaktiven Pilze, und wie nimmt man sie ein? Laut den Informationen der norwegischen Gesundheitsbehörde kann man den Wirkstoff Psilocybin aus dem Spitzkegeligen Kahlkopf extrahieren oder den Pilz frisch, getrocknet oder in Speisen und Getränken zu sich nehmen. Der Konsument könne ein Gefühl der Klarheit erleben und Sinneseindrücke deutlicher erleben, wohingegen das Zeitgefühl abnimmt. Manchmal verändern die Gegenstände in der Umgebung ihre Farbe und Form, wodurch diese als interessanter und spannender erlebt wird. Mitunter erlebt der Konsument auch, dass die Grenzen zwischen seinem Ich und der Umgebung verschwimmen, ein Zustand, in dem man sich mit allem verbunden fühlt. Diese Empfindung, mit allem eins zu sein, allen Lebewesen, Tieren und Pflanzen, wird in der Literatur oft beschrieben.

Da der Pilz im Verein so viele negative Reaktionen auslöst, kommt mir bereits die Frage, wie der Rausch erlebt wird, verboten vor. Dann wird mir klar, dass so ein Gedanke nur entstehen kann, wenn die Unterdrückung tabuisierter Themen zur Norm erklärt wird. Ich fasse mir ein Herz und setze mich noch einmal mit N in Verbindung.

»Was genau magst du an diesem Pilz?«, frage ich N. Er beschreibt den Rausch als »kuschelig« und fügt hinzu, er erlebe ihn »wie eine Feder, die einen den ganzen Tag über sanft kitzelt« und »für ein gutes Gefühl« sorge. Verglichen mit anderen Drogen, seien die Pilze »mütterlicher«, urteilt N, der offenbar auf einen reichen Schatz an Erfahrungen zurückgreifen kann. Als ich ihn bitte, das ein wenig zu vertiefen, erwidert er zunächst, es sei zwecklos, all das mit Worten zu beschreiben, weil es so vollkommen anders sei als die Wirklichkeit, wie wir sie kennen, ergänzt am Ende aber doch, das Gefühl von Zusammengehörigkeit sei dabei vorherrschend.

G, ein weiterer Informant, erzählt mir, wie er einmal von Pilzen berauscht auf einer Anhöhe saß und auf Oslo hinabblickte. Er fühlte, dass die Stadt ein Teil von ihm sei und er ein Teil der Stadt. Die großen alten Bäume, die er betrachtete, waren bestimmt schon seit hundert Jahren dort. Vielleicht hatte sein Großvater, womöglich sogar sein Urgroßvater, dieselben Bäume gesehen? Und vielleicht würden seine eigenen Kinder, Enkel und Urenkel sie ebenfalls sehen. Es sei schön gewesen, beinahe spirituell. G berichtet, dass er wieder zu einem Kind werde, wenn er sich an »Paddos« berauscht, wie er den Spitzkegeligen Kahlkopf nennt. Er fragt, ob ich mich daran erinnere, wie es war, als Kind einem Zauberer dabei zuzusehen, wie er ein Kaninchen aus dem Zylinder zauberte. Verwunderlich! So sei der Pilzrausch, erklärt G, fügt aber schnell hinzu, dass es dabei auch schwierige Phasen geben könne. Man müsse sich bewusst machen, dass diese vorbeigingen, wenn man am Ende des Trips angekommen sei.

»Man wird vom Spitzkegeligen Kahlkopf nicht verrückt, höchstens von dem, was man durch den Konsum herausfindet«, sagt G mit einem Lächeln. »Wenn du dich beispielsweise fragst, ob du ein guter Vater oder eine gute Mutter bist, könntest du vielleicht eine Antwort bekommen, die dir nicht gefällt.«

N erzählt, der Pilzrausch ermögliche ihm ein »tieferes Verständnis der Welt«, die ihn umgebe, als sähe er sie »ohne Filter«.

»Der Rausch gibt einem keine Antworten, aber er hilft einem dabei, die Wirklichkeit klarer zu sehen«, sagt N. Er berichtet außerdem, dass er den Spitzkegeligen Kahlkopf gern konsumiere, weil der Übergang vom normalen zum berauschten Zustand schrittweise geschehe und er tatsächlich »zusehen« könne, wie es passiert. Die Pilze würden einem, so N, einen Zugang zu einer »schöpferischen Sphäre im eigenen Inneren« ermöglichen. Es sei ein holistisches, physisches Erlebnis, das den ganzen Körper erfasse. Andere mögliche Zugänge zu dieser Sphäre, die jedoch viel mehr Zeit in Anspruch nähmen, seien Meditation, Yoga oder Tanz. Eine weitere Beschreibung des Rauschs, die N benutzt, ist »auf der Welle reiten«. Und da er mittlerweile erfahrener sei, gelinge es ihm auch leichter, die Welle »wiederzufinden«. In einem Nebensatz erwähnt er, dass sich durch den Konsum der Spitzkegeligen Kahlköpfe auch »die Zeit ausdehne«, und ich frage ihn, was er damit meint. Er erzählt, er gewinne mehr Raum für seine Überlegungen, weil sein »Kopf expandiert« und »die Geschichten größer werden«. Das schien mir nur schwer nachvollziehbar. Er versuchte es mir am Beispiel der psychedelischen Musik zu erklären. Würde man diese Musik hören, ohne von Pilzen high zu sein, käme einem der Takt sehr schnell vor. Hätte man Psilos konsumiert, erlebe man die Geschwindigkeit anders, weil man sie »von innen heraus« wahrnehme. Die Zeit würde »in die Länge gezogen«. Auf diese Weise dehne der Rausch die Zeit aus. Außerdem ermögliche er es einem, versteckte Hinweise und Andeutungen aufzunehmen, die man sonst nicht bemerke. Durch den Konsum könne er leichter Entscheidungen treffen, weil er Nuancen erkenne, die er früher übersehen hätte.

Ich hatte ein Interview mit einem anderen User gelesen, der sagt, der Konsum mache »einen besseren Menschen« aus ihm. Offenbar wird der Rausch der psychoaktiven Pilze nicht nur als eine vorübergehende Reaktion erlebt, sondern als tiefgreifende Erfahrung, die von manchen auch als Selbstentfaltung erlebt wird. N bestätigt dies und erzählt, die Pilze würden seine Empathie gegenüber anderen Menschen fördern und ihm dabei helfen, ihnen genauer zuzuhören. Er meint, seine Aufmerksamkeit für die subtilen Gefühle der anderen würde geschärft.

N berichtet auch, dass es nett sei, den Rausch gemeinsam mit anderen zu erleben. Man bräuchte sogar kaum miteinander zu reden, weil man durch Telepathie miteinander kommunizieren könne. Auch G bestätigt, er spüre eine enge Verbindung zu den anderen, mit denen zusammen er »Paddos« nehme. G empfiehlt, dass einer aus der Gruppe die Rolle des »Tripsitters« einnimmt, also nichts konsumiert und auf die anderen aufpasst.

N fragt mich, ob ich glaube, er könne seinen Hund darauf abrichten, den Spitzkegeligen Kahlkopf zu finden, nachdem er gehört hatte, dass Hunde zu Trüffelsuchern ausgebildet werden. Bei dieser Frage musste ich passen, hatte aber das Gefühl, dass N und seine Freunde auch ohne die Unterstützung seines Vierbeiners genug Psilos finden würden.

N beschreibt die Szene rund um die psychoaktiven Pilze als »psychedelisch«, ein Wort, das ich mit Hippies und den Sechzigerjahren assoziiere. Als ich das Wort nachschlug, erfuhr ich, dass Psychedelika eine den Halluzinogenen untergeordnete Gruppe sind. Während andere Untergruppen wie Opiate Halluzinationen verursachen, die auf dem aufbauen, was das Bewusstsein bereits kennt, führen Psychedelika zu einem veränderten Bewusstseinszustand – daher auch der englische Begriff *mind bending*. Das Wort »psychedelisch« stammt aus dem Altgriechen: *psychē* (»Seele«) und *dēlos* (»offenkundig, offenbar«). Deshalb könnte man psychedelische Erfahrungen auch als »Seelenoffenbarungen« bezeichnen. Die Szene, der N angehört, interessiert sich für psychedelische Kunst und (laute) psychedelische Musik. Beide vermitteln das Erlebnis einer Bewusstseinsveränderung, das oft in grellen Farben, surrealistischen visuellen und auditiven Effekten und Animationen Ausdruck findet. Mir geht ein Licht auf: Das ist es also, was die merkwürdigen knallbunten Zeichnungen auf den T-Shirts der Hippies darstellen sollten! Und ich dachte, es wären nur unschuldige ästhetische Ausdrucksformen.

Wir verlassen das Café, in dem wir gerade ein veganes Mittagessen eingenommen haben, weil N eine Zigarette rauchen möchte. Ich bemerke, dass er ökologischen Tabak verwendet, und spreche ihn darauf an. N sagt, seine Freunde und er würden sich für eine »optimale Gesundheit« interessieren. Anscheinend fällt darunter auch die Einnahme wilder Pilze. Was könnte natürlicher sein?

»Wie sollte man den Pilz am besten einnehmen?«, frage ich. N brüht den Pilz zusammen mit Kamille auf und gibt etwas Honig dazu. Das scheint eine bevorzugte Zubereitungsart bei Konsumenten wie N zu sein, der keine Lust hat, sich wie ein »Druffi« zu fühlen. Tee mit Honig klingt ziemlich gesund. Ich frage N, ob er je schlechte Erfahrungen mit dem Spitzkegeligen Kahlkopf gemacht hat. Er verneint, betont aber, wie wichtig es sei, nicht mehr als zehn Pilze auf einmal zu nehmen. Er sagt, wenn man sich 60 bis 100 oder gar mehr Pilze einwerfe, könne das zwar »lustig« werden, aber auch »anstrengend«. Seine übliche Dosis seien ein bis zwei Pilze. Wenn er zu einer größeren Menge als üblich greife, das heißt, drei bis fünf Stück, könne er besser hören und erlebe einen größeren »Energiekick«. Dann unterstreicht er noch einmal, wie wichtig es sei, unter zehn Pilzen zu bleiben, sonst würde man »vibrieren«, ohne dass ich genau verstehe, was das eigentlich sein soll.

Jemand, der im Vergleich zu N eher ein »Vielnutzer« ist, beschreibt die »Trip-Ebenen« des Pilzrauschs im Internet wie folgt:

Ebene 1:
Mildes »Stoned«-Sein, visuelle Verbesserungen (klarere Farben, schärfere Kontraste). Kleinere Veränderungen im Kurzzeitgedächtnis.

Ebene 2:

Kräftigere Farben, visuelle Effekte (Gegenstände atmen, gleiten davon usw.), mitunter zweidimensionale Muster, wenn
man die Augen schließt. Eventuell entsteht Verwirrung, die
Gedanken werden unstrukturiert. Das Kurzzeitgedächtnis
verändert sich und kann zu konfusen Denkmustern führen.
Erhöhte Kreativität, weil man sich nicht von den üblichen
Denkmustern einschränken lässt und über den Tellerrand
blickt.

Ebene 3:

Sehr deutliche visuelle Effekte, alles wirkt verzerrt und/oder
Muster und Kaleidoskope entstehen auf glatten Ober-
flächen wie Wänden. Leichte Halluzinationen wie Wasser,
wo keines ist (zum Beispiel auf dem Fußboden). Schließt
man die Augen, erlebt man dreidimensionale Halluzinationen. Synästhesie und Sinnesverwirrung, man schmeckt Farben, riecht Töne usw. Die Zeitperspektive verändert sich,
und man kann sich in einem Augenblick gefangen fühlen.

Ebene 4:

Starke Halluzinationen, Objekte gleiten ineinander und
ändern ihre Form. Verlust oder Aufspaltung des Egos
(Gegenstände sprechen mit dir, du hast widersprüchliche
Gedanken und Empfindungen im selben Moment usw.).
Möglicher Realitätsverlust. Die zeitliche Perspektive ist so
stark verändert, dass sie keinen Sinn mehr ergibt. Eventu-

ell das Erlebnis, den eigenen Körper zu verlassen (und sich selbst von außen zu beobachten). Die Sinne sind nicht nur verwirrt, sondern vollkommen miteinander vermischt.

Ebene 5:
Totale Abspaltung von der realen Welt, man hat keinen visuellen Kontakt mehr mit dem, was einen umgibt, alles sind Halluzinationen. Das Ego verschwindet vollkommen, die Sinne funktionieren nicht mehr normal, man verschmilzt mit Gegenständen oder sogar mit dem Universum. Der Realitätsverlust ist so markant, dass er sich nicht mehr in Worte fassen lässt. Während die vorausgehenden Ebenen noch mit einer gewissen Sicherheit beschrieben werden können, übersteigt dieses Niveau alles und kann zu spiritueller Erleuchtung, einer Vereinigung mit dem Universum oder dem Nirvana führen (oder zum Gegenteil).

Wenn man sich Ns Beschreibungen vor Augen führt, scheint ihn seine Dosis von bis zu zehn Pilzen in die erste oder zweite Ebene der oben genannten Skala des selbst ernannten »Tripadviser« führen.

Für aktive Nutzer stellt die Dosierung eine echte Herausforderung dar, weil die psychoaktiven Stoffe von Pilz zu Pilz und Region zu Region variieren. Kein Spitzkegeliger Kahlkopf gleicht dem anderen. Während manche, so wie N, die Zahl der Pilze als Maßeinheit nehmen, legen andere Gramm zugrunde. Allerdings sagt das Gewicht nicht unbedingt etwas darüber aus, welche Mengen an Wirkstoff der Pilz enthält. Es gibt unterschiedliche Auffassungen darüber, wie groß eine »Anfängerdosis« sein sollte. Was das betrifft, wirkt N relativ vorsichtig und konservativ. Er ist sich auch der Herausforderung der variierenden Menge an Wirkstoff bewusst und hat deshalb feste Stellen, an denen er in jeder Saison Pilze sammelt – wobei ich nicht begreife, warum das helfen soll. Denn selbst Pilze, die direkt nebeneinanderstehen, können unterschiedlich wirksam sein. Ein anderer Informant, der den Kubanischen Kahlkopf, *Psilocybe cubensis,* in seinem Wohnzimmer züchtet, verrät mir bereitwillig seine Lösung des Problems: Alle Pilze werden getrocknet und anschließend gemahlen, anstatt sie im Ganzen zu essen. Auf diese Weise wird die »Stärke« der Pilze gleichmäßig verteilt.

Eine andere, weitaus größere Gefahr ist die der Verwechslung mit giftigen Doppelgängern, die Seite an Seite mit dem Spitzkegeligen Kahlkopf wachsen können. Das gilt vor allem für die Risspilze, die das nervenschädigende Gift Muskarin enthalten. Sie sind genauso klein wie die Kahlköpfe und haben ebenfalls spitze Hüte. N ist sich des Risikos bewusst und sagt, gottlob habe er sich bisher noch nicht getäuscht. Man kann sich aber vorstellen, dass andere, denen dasselbe vorschwebte wie ihm, nicht ganz so großes Glück hatten.

Ich lese einen Artikel von Professor Høiland zu diesem Thema. Er schreibt, bis zum Jahr 1977 sei der Spitzkegelige Kahlkopf nur einer unter vielen anonymen Kleinpilzen gewesen, die in den Pilzratgebern aufgeführt wurden. Wegen seiner geringen Größe wurde der Speisewert nicht erwähnt. Erst Ende der Siebzigerjahre wurden die sinneserweiternden Wirkungen auch einem größeren Publikum bekannt, die Medien stürzten sich darauf, und die Boulevardpresse titelte »Drogenpilze in Norwegen gefunden«, »Pizza mit Psilos« und Ähnliches.

Meine Verschwörungstheorie, dass es auffällig war, wie sehr der Spitzkegelige Kahlkopf in den neueren norwegischen Nachschlagewerken durch Abwesenheit glänzte, war also gar nicht so abwegig. Mein Verdacht einer stummen Absprache unter den Pilzbuchverfassern lässt sich in einen direkten Zusammenhang mit Høilands Verweisen auf die wilden Schlagzeilen bringen. In der Pilzszene wird davor gewarnt, ältere Ratgeber zu verwenden, weil das Pilzwissen schnell überholt sei und von neuen Forschungsergebnissen widerlegt werde. Wer sich allerdings für den Spitzkegeligen Kahlkopf interessiert, wird nur im Antiquariat fündig.

Professor Høiland ist auch als Pilzexperte für die Kripo tätig. Auf diese Weise hat er einen Überblick über die beschlagnahmten Funde, die in den letzten Jahren davon zeugen, dass auch ausländische Pilze ins Land gekommen sind, vermutlich durch den Einkauf und Eigenanbau von Sporen des Kubanischen Kahlkopfs und des Blauenden Düngerlings, *Panaeolus cyanescens*. 2011, das letzte Jahr, in dem die Polizei die Pilzart in ihrer Statistik aufführte, wurden

2,2 Kilogramm *Psilocybin*-Pilze beschlagnahmt (und, nur zum Vergleich, 2976 Kilogramm Cannabis). 2014 wurden zwei Personen festgenommen und wegen des Besitzes von 100 bis 150 Gramm »narkotischen Pilzen« verhaftet, ohne dass diese näher bezeichnet wurden. Jedenfalls zeigt die beschlagnahmte Menge, dass Psilocybin nicht zu den häufigsten illegalen Genussmitteln in Norwegen gehört. Und doch kann die Taktik der Pilzkenner, das Wissen über den Spitzkegeligen Kahlkopf geheim zu halten, auch nicht alles verhindern. Wer sich unbedingt an Pilzen berauschen will, findet trotzdem einen Weg.

Um Gefahren und Unfälle durch Verwechslungen mit giftigeren Doppelgängern zu vermeiden, wären anstelle von Schweigen und Leugnung viel eher gesicherte Informationen vonnöten. Bis dahin werden alle, die auf einen Rausch durch Psilocybin aus sind, weiterhin auf Friedhöfen und gedüngten Wiesen oder in Straßengräben umherschleichen, um ihre Pilze zu finden, und diese möglicherweise falsch dosieren. Und wenn sie Fragen haben, sind sie auf Internetseiten wie das »norwegische Freakforum« oder die Datenbank der NGO »Erowid« angewiesen.

In den Sechzigerjahren, als Hippiebewegung und Gegenkultur an den Universitäten westlicher Länder ihren Zenit erlebten, erlangten die Brüder Terence und Dennis McKenna Berühmtheit mit ihrem Buch: *Psilocybin: The Magic Mushroom Grower's Guide*. Darin schrieben sie unter anderem, dass der Kubanische Kahlkopf besonders leicht anzubauen sei. 1968 wurde all dem jedoch ein Riegel vorgeschoben, als die Stoffe Psilocin und Psilocybin auf eine Stufe mit Heroin und Kokain gestellt und in den USA verboten wurden. Auch die Forschung über psychoaktive Stoffe in Pilzen, die in Harvard und an anderen Universitäten stattfand, nahm zu dieser Zeit ein abruptes Ende.

Interessanterweise stehen diese Stoffe seit den Neunzigerjahren aber wieder auf der Forschungsagenda, auch am norwegischen Institut für Neuromedizin. Die Fachzeitschrift *The Lancet* publizierte 2008 eine Übersichtsarbeit mit dem Titel »*Research on psychedelics moves mainstream*«. Die klinischen Studien über Psilocybe von heute nehmen den Faden aus der Zeit vor dem Verbot wieder auf und konzentrieren sich vor allem auf den medizinischen Nutzen, etwa bei der Raucherentwöhnung und bei Problemen wie Depressionen, Posttraumatischem Stress, Alkoholismus, Migräne und Todesangst bei Patienten mit Krebs.

Obwohl der Verein sonst enge Verbindungen zur akademischen Welt pflegt, habe ich den Verdacht, dass solche Forschungsergebnisse bei den tonangebenden Veteranen trotzdem nicht wohlwollend aufgenommen werden.

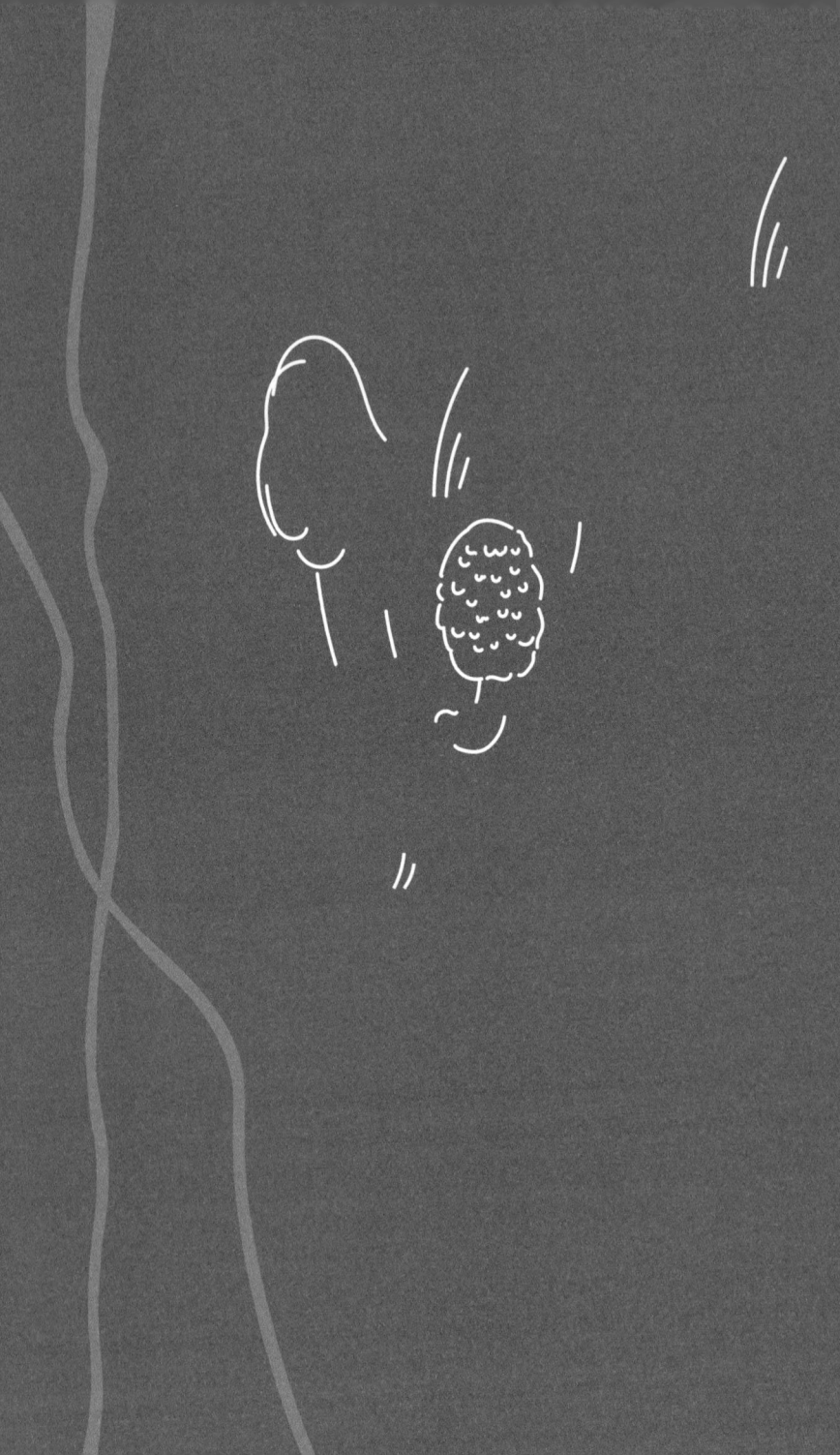

Von der Vorspeise
zum Dessert

Die Spuren eines Lebens sind überall zu finden. Es war seltsam, unser Bücherregal zu betrachten, nachdem ich Eiolfs Bücher herausgenommen hatte. Ich hätte nie gedacht, dass ein Bücherregal Symbol für ein Zusammenleben sein könnte, aber plötzlich fiel mir auf, dass es bei uns genau so war – mit all unseren Büchern, nebeneinanderstehend oder übereinandergestapelt, die in einem langen gemeinsamen Leseleben gesammelt worden waren. Eigentlich hatten wir keine Ordnung nach »meine Bücher« und »deine Bücher«. Im Grunde hatten wir gar kein System. Manche Bücher las nur einer von uns, manche beide. Ich erinnere mich noch genau an die Bücher, die wir gleichzeitig lasen, jeder für sich, und um die es einen ständigen Kampf gab. Isaac Bashevis Singer zum Beispiel. Er schreibt über das jüdische Leben im typischen osteuropäischen Schtetl vor dem Ersten Weltkrieg. In erster Linie aber schreibt er über das Leben an sich, über menschliche Dilemmata und Schicksale. Singer ist ein meisterhafter Erzähler guter Geschichten, die man immer wieder lesen kann.

Einige von Eiolfs Büchern behielt ich. Bei anderen wusste ich, dass ich niemals dazu kommen würde, sie zu lesen. Eiolf hatte so viel gelesen, Belletristik und Sachbücher. Und Kriegsliteratur, die nur ein Pazifist interessant finden konnte. Es gab kaum ein Gebiet, für das er sich nicht interessierte. Er sagte immer, auf seinem Grabstein solle einmal stehen: »Hier ruhen viele Fleißpunkte.« Ein solcher Spruch war typisch für ihn. Weil ich immer wieder die Pointe vergaß, konnte er mir seine Witze mehrmals erzählen, und sie waren jedes Mal wie neu. So hat man auch nach vielen Jahren noch gemeinsam Spaß. Auf seinem Nachttisch hinterließ er einen beeindruckenden Bücherstapel, den er noch lesen wollte. Sie waren auch ein Zeichen dafür, dass er keineswegs so jung hatte sterben wollen. Aber die Bücher auf dem Nachttisch blieben ungelesen. Ich sichtete sie der Reihe nach. Und versuchte, mir selbst eine ehrliche Antwort darauf zu geben, ob ich sie jemals lesen würde. Die meisten gab ich weg.

Ein Buch zu lesen ist so, als würde man eine Reise in ein unbekanntes Land machen. Es tut weh, an all die Reisen zu denken, die Eiolf nicht mehr unternehmen konnte – und mir anschließend davon erzählen.

Die Mathematik des Verlusts

Wie beziffert man den Verlust? Diese Rechnung ist schwierig, selbst Nobelpreisträger der Mathematik hätten wohl Probleme, zu einem Ergebnis zu kommen. Wenn zwei Menschen beschließen, zusammen zu sein, erschaffen sie gemeinsam etwas Neues, das mehr ist als nur die Summe aus beiden. Fällt einer weg, verschwindet das, was das Paar ausgemacht hat, und gleichzeitig geschieht auch etwas mit dem Zurückgelassenen. Wenn die Leben und Identitäten eng miteinander verwoben waren, besteht die Gefahr für den Hinterbliebenen, über einen langen Zeitraum nur ein Schatten seiner selbst zu sein. Wir bezahlen den Preis dafür, zusammengehört zu haben, wir, denen der Segen des Zusammenlebens geradezu eingebrannt wurde.

Und auf eine unerklärliche Weise ist in der Rechnung das, was fort ist, immer wertvoller als das, was bleibt. Fort ist die gemeinsame Verwaltung unserer Erinnerungen. Die alleinige Verantwortung dafür, die mir mit Eiolfs Tod sofort übertragen wurde, fühlt sich schwer an. Sobald das Vergessen einsetzt, verschwindet auch unser Zusammenleben. Fort sind auch unsere gemeinsamen Zukunftsträume; mir bleibt nur, sie in die hinterste Schublade zu verräumen. Fort ist noch dazu unser gemeinsamer Raum, in dem wir vollkommen loslassen konnten, einander die besten Freunde sein, wir selbst sein.

In Eiolfs Elternhaus gab es einen sehr vorhersehbaren Speiseplan. Montags Gericht A, dienstags Gericht B usw. So wurden die Wochentage und der Lauf der Zeit stets mit einem Essen markiert. In seiner Kindheit und Jugend war das in vielen Familien so. Die Mahlzeiten wurden weder um ihrer selbst willen geschätzt, noch luden sie zu Experimenten ein. Ganz im Gegenteil. Es ging darum, den Teller leer zu essen und anschließend den Tisch abzuräumen und abzuwaschen. Hatte man alles gespült, konnte man sich endlich vor dem Fernseher entspannen. Eiolfs Familie fühlte sich traditionell eher dem Landleben verbunden, hatte »das moderne Leben« mit Tiefkühlkost und Fertiggerichten jedoch begeistert angenommen. Möglicherweise war dies – und der Hunger nach neuen Geschmackserlebnissen – der Grund dafür, dass sich Eiolf begeistert auf die malaysische Küche stürzte. In meiner Heimat plant man die nächste Mahlzeit erst, wenn man die letzte verspeist hat. Und nimmt für ein gutes Essen weite Wege in Kauf. Die Menschen in Malaysia haben eine eigene Karte mit Orten im Kopf, die für bestimmte Gerichte berühmt sind. Eiolf hatte lange die Idee, ein Kochbuch mit dem Titel »Die Küche meiner Schwiegermutter« zu schreiben. Bei seinen Eltern in Stavanger wäre eine solche Rezeptsammlung wohl ungeöffnet verstaubt. Dort aß man weder Hühnchen noch Pilze. Als Eiolf im Kindesalter zum ersten Mal bei anderen Leuten in einem Kuchen Ananas zu sich nahm, musste er sich übergeben. Gemeinsam mit mir unternahm er eine kulinarische Reise dahin, wo (tatsächlich) der Pfeffer wächst. Eiolf liebte es, seine Verwandten mit Geschichten darüber zu schockieren, wie er an gedämpften Hühnerfüßen genagt und an gekochten Fischaugen gesaugt hatte und was es in fernen Ländern noch so alles an kulinarischen Abenteuern zu erleben gab. Wir kombinierten die fernöstliche mit der westlichen Küche schon lange, bevor es ein Trend wurde. Eiolf gefiel das. »Norwegisches« Essen konnte er auch zu Hause bei seinen Eltern haben.

Der Kühlschrank ist eine weitere Erinnerung an unser Zusammenleben. Wie in allen Haushalten nahmen wir Rücksicht auf den Geschmack und die Vorlieben des anderen und hatten eine eigene Küche entwickelt, in der wir die Zutaten ausließen, die der andere nicht mochte. Und umgekehrt aßen wir besonders viel von dem, was wir beide mochten. Eiolf war kein so großer Fan von Auberginen wie ich, und auch Artischocken standen bei ihm nicht sehr hoch im Kurs. Ich hatte es nie als Opfer betrachtet, diese Lebensmittel weitgehend von unserem Speiseplan zu verbannen. So ist das, wenn man die schärfsten Ecken und Kanten eines Zusammenlebens abschleift. Trotzdem war es eine überraschende Entdeckung, dass ich von nun an keine Rücksicht auf seinen Geschmack nehmen musste. Mir war nicht klar gewesen, dass ich zuvor auf die Freiheit verzichtet hatte, genau das zu essen, wonach mir gerade der Sinn stand.

Nach Eiolfs Tod nahm ich stark ab. Die Mahlzeiten kamen und gingen, aber ich hatte keinen Hunger. Ich glaube, ich gewöhnte mir das Essen geradezu ab. Und das Kochen, das ich einmal so gut beherrscht hatte, dass ich sogar neue Rezepte auszuprobieren wagte, wenn Gäste kamen, kostete mich große Mühe. Jetzt fiel es mir leichter, gar nichts zu essen. Natürlich war der mangelnde Appetit eher ein Symptom; ich hatte die Lebenslust verloren.

Früher hatte ich all meinen Ehrgeiz daran gesetzt, binnen Kürze eine köstliche Mahlzeit auf den Tisch zu zaubern, wenn wir von der Arbeit kamen. Eiolf und ich waren ein gut eingespieltes Team und konnten unangestrengt miteinander kochen. Das lag an einer klaren Rollenverteilung und getrennten Aufgabenbereichen, die wir nach all der Zeit perfektioniert hatten. Bei unserer Freude am Essen ging es auch darum, gute, frische Zutaten zu finden, und um das gemeinschaftliche Erlebnis – die Mahlzeit mit einem Partner zu teilen, mit dem man auch gut auf einer einsamen Insel leben könnte. Schon die Planung eines Gerichts sorgte für freudige Erwartung und Appetit. An den Wochenenden, wenn wir mehr Zeit hatten, bereiteten wir komplizierte Menüs zu und luden Freunde ein. Ich glaube, das war eines unserer gemeinsamen Markenzeichen. Und jetzt, nach Eiolfs Tod, musste ich mich dazu zwingen, etwas zu mir zu nehmen. Es war deprimierend, wenn ich mich selbst dabei ertappte, wie ich freitagabends mit einer Dose Makrelen in Tomatensauce vor dem Fernseher saß, die ich mechanisch und apathisch in mich hineinschaufelte – als Hauptmahlzeit.

Ein Grund für meine Beschäftigung mit den Pilzen war, dass ich sie gern aß. Ich hatte sie schon immer vorzüglich und unvergleichlich gefunden, aber ich war erstaunt, als ich entdeckte, wie viele Arten ihren ganz eigenen Geschmack besitzen. Manche schmecken raffiniert und ausgesucht, andere so außergewöhnlich, dass sie nur etwas für besonders Interessierte sind. Ich lernte früh, dass es klug ist, unterschiedliche Arten von Speisepilzen auch getrennt voneinander zuzubereiten. So findet man außerdem schnell heraus, welche Arten einem am besten munden.

Pilze haben nämlich durchaus eigene Aromen und schmecken nicht einfach nur nach »Erde, Laub und Moos«, wie manche behaupten. Ich war auch überrascht davon, wie unterschiedlich und einzigartig die Konsistenz der verschiedenen Arten ist, wenn man sie brät; der Maipilz behält seine Form und ist beinahe elastisch, die Birken-Rotkappe glatt und saftig, der Schopftintling zart, leicht und seidenweich.

Selbst wenn man einen exquisiten Speisepilz gefunden hat, muss er noch lange nicht den Weg in die Bratpfanne finden. Er könnte auch zu alt oder zu wurmzerfressen sein, um ihn zu essen. In letzter Zeit war ich oft mit einem eifrigen Anfänger auf Pilzsuche und erstaunt darüber, wie sehr er zögerte, ein verdorbenes Exemplar auszusortieren. Er wollte einfach nicht einsehen, dass das gute Stück ungenießbar geworden war. An der Frage, wie viele Würmer ein Pilz enthalten darf, ehe man ihn wegwirft, scheiden sich die Geister; manche haben eine hohe Toleranz gegenüber den zusätzlichen Proteinen, die in den Larven enthalten sind, manche eine eher niedrige. Die »persönliche Wurmgrenze« entscheidet auch, wie viel man wegschneidet, bevor der Pilz wieder als essbar durchgeht. Mein Freund, der Novize, war immer so begeistert darüber, überhaupt einen Speisepilz zu finden, dass er den ganzen Pilz verzehren wollte, unabhängig von Alter und Würmern. Ich erinnere mich nicht mehr genau, aber ich glaube nicht, dass ich in meiner Anfangszeit genauso starrsinnig war. Nichtsdestotrotz sind meine Ansprüche auf jeden Fall mit der Zeit gewachsen. Früher war es mir sehr wichtig, die guten Speisepilze nicht wegzuwerfen. Heute weiß ich, dass ich früher oder später einen neuen finden werde, und schneide die ungenießbaren Stücke gnadenlos weg.

In Norwegen brät man Pilze üblicherweise mit Salz und Pfeffer. In einer Bratpfanne wird die Butter erhitzt, und sobald sie geschmolzen ist, gibt man die Pilze dazu. Im Anfängerkurs lernte ich als Erstes das genaue Gegenteil: Die Pilze sollten zunächst bei mittlerer Hitze in einer trockenen Pfanne gebraten werden, und erst, wenn die Flüssigkeit aus ihnen verdampft ist, wird die Butter hinzugefügt. Pilze enthalten nämlich viel Wasser, vor allem, wenn man sie nach einer Regenperiode sammelt. Wenn man sich etwas Besonderes gönnen will, kann man Bacon, Sahne und/oder Sherry hinzufügen. Hat man viele Pilze gesammelt, eignen sie sich hervorragend als Beilage zum Steak. Hat man nur wenige, kann man sie als kleinen Snack auf Toast servieren. Mir schmecken all diese Zubereitungsarten gut, aber aus Malaysia kenne ich noch weitere, die weder Butter, Sahne noch Sherry enthalten – diese sind in der asiatischen Küche nur selten zu finden. Und ich bin interessiert daran, andere Rezepte kennenzulernen, auch jene, die von der gängigen Vorstellung abweichen, Pilze kämen nur als warmes Hauptgericht auf den Tisch. Was gibt es für Vorspeisen, Hauptgänge oder Desserts mit Pilzen?

Suppe

Eine von Grund auf zubereitete Suppe nimmt nicht viel Zeit in Anspruch; im Grunde macht sie sich selbst. Wenn ich viel zu tun habe, erledige ich die ersten Arbeitsschritte gern schon am Morgen und lasse die Suppe abends kurz vor dem Servieren fertig köcheln. Ein paar Zwiebeln und ein paar Knoblauchzehen sind schnell gehackt, bevor man sein Müsli frühstückt, und schon hat man das meiste erledigt.

Allen, die bisher nur die Version aus der Tüte kennen, empfehle ich, einmal eine Suppe aus wilden Champignons zu probieren. Der Geschmacksunterschied zwischen wilden Champignons und Supermarktchampignons lässt sich mit dem Substrat erklären, auf dem sie wachsen. Zuchtchampignons werden auf einer Mischung aus fermentiertem Pferdemist und Heu gezogen; schon daran erkennt man, dass ihrem Geschmack Grenzen gesetzt sind. Wilde Champignons sprießen bereits im Sommer auf den Wiesen. Sie schmecken nicht nur hervorragend, sondern lassen sich auch ganz einfach auf dem Rückweg von der Arbeit pflücken, ohne dass man sich zuerst umziehen und auf eine lange Wanderung in den Wald begeben muss. »Urbane Champignons« sind auch ein guter Plan B, wenn es eine Weile lang nicht geregnet hat. Dann hat der Wald wenig zu bieten, aber die Rasenflächen in Parks und auf Friedhöfen – die für gewöhnlich auch von Sprinkleranlagen bewässert werden – bieten eine Garantie dafür, dass man fast immer etwas zu ernten hat. Allerdings setzt das voraus, einen oder mehrere Champignonparks zu kennen, wo man auf dem Heimweg vorbeischauen kann.

Die wichtigste Voraussetzung besteht darin, den giftigen Karbolchampignon zu meiden, den man also zuerst kennenlernen muss.

Auf einem der großen, prominenten Gartenfeste in Oslo, bei dem die Gläser klirrten und die Gerüchte durch die Luft schwirrten, bin ich plötzlich abgelenkt: Wenn das kein Karbolchampignon ist! Eigentlich hatte ich gar nicht bewusst nach Pilzen gesucht, aber inzwischen habe ich genug Beweise dafür gesammelt, dass ich es instinktiv mache. Vielleicht war dies der Moment, in dem ich von einem Amateur zum schrulligen Pilznerd wurde. Oder war es schon vorher so weit?

Glaubt man der norwegischen Pilzliteratur, hat der Salzwiesenchampignon, *Agaricus bernadii,* ein aufdringliches Aroma von Zichorie, Rettich und Fisch und kann noch dazu ein wenig streng schmecken. Das klang meiner Meinung nach nicht so, als gehörte er in den Kochtopf, bis ich bemerkte, dass die Amerikaner ihn essen, ohne den Fischgeruch auch nur ansatzweise zu erwähnen. Inzwischen habe ich selbst junge Exemplare des Salzwiesenchampignons gesammelt und gegessen und muss sagen, dass er gut schmeckt, auch wenn man ihn nicht gerade als mild bezeichnen kann, was im Norwegischen meistens als Kompliment gilt. Ich hätte aber keine Bedenken, meine Champignonsuppe mit einer kleineren Menge davon aufzupeppen.

Die Schopftintlingsuppe, die man mit Pilzen aus dem eigenen Garten zubereiten kann, ist etwas ganz anderes. Der Tintling ist der einzige Pilz, den man in einer Plastiktüte sammeln sollte. Man muss ihn feucht aufbewahren, sonst beschleunigt man den Prozess, bei dem der Pilz »schmilzt« und zu einer schwarzen, tintenähnlichen Flüssigkeit zerfließt. Einmal fand ich eine ganze Menge davon, hatte aber keine Tüte dabei. Was sollte ich tun? Zum Glück war ich gemeinsam mit meinem ersten Pilzlehrer unterwegs, der Blätter von der Größe eines Tellers vom Boden aufhob, in die wir die Pilze einpackten. Gleichzeitig erinnerte er mich daran, dass man den Schopftintling auf keinen Fall mit dem Faltentintling verwechseln dürfe, der in Kombination mit Alkohol so ähnlich wirkt wie Disulfiram, das bei Alkoholentzug eingesetzt wird und sehr unangenehme Unverträglichkeitsreaktionen auslöst.

Der Schopftintling schmeckt dagegen ausgezeichnet und eignet sich gut, wenn man ein etwas feineres Menü zusammenstellen will: Den Pilz bei schwacher Hitze und geschlossenem Deckel einige Minuten dämpfen und anschließend etwas Hühnerbrühe und einen Schuss Wermut zugeben. Kurz vor dem Servieren mit einem Eigelb legieren. Wenn man eingelegte Bärlauchblüten oder Kürbiswürfel zur Hand

Schopftintling, *Coprinus comatus*

hat, kann man die Suppe damit garnieren und den Geschmack abrunden.

Später in der Saison empfiehlt sich eine Trompetenpfif-
ferlingssuppe. Um zu vermeiden, dass sie allzu dunkel und
braun wird, hilft es, ein wenig geriebene Karotte hinzuzu-
fügen. Trompetenpfifferlinge vertragen auch eine kräftige
Note wie Blauschimmelkäse oder Sherry, mit der man die
Suppe verfeinern kann, wenn man es gern etwas würziger
hat.

Aus roten Linsen und getrockneten Pilzen lässt sich

eine leckere und sättigende vegetarische oder sogar vegane Suppe zubereiten. Auf das Rezept kam ich eines Tages, als ich kaum etwas Frisches im Haus hatte und nur eine Tüte Linsen ganz hinten im Schrank fand. Eine Handvoll roter Linsen, ein paar getrocknete Pilze, eine gehackte Zwiebel und ein bisschen vegetarische Brühe, mehr braucht es nicht. Wünscht man eine sämigere Konsistenz, kann man die Suppe kurz mit dem Stabmixer pürieren, sobald die Linsen gar sind. Ein Kleks Crème frâiche und ein paar frische Kräuter verleihen diesem einfachen Gericht geschmacklich und optisch den letzten Pfiff.

Pilze als Bacon

Um aus Shiitake Bacon zuzubereiten, sollte man die getrockneten Pilze circa eine Stunde lang in warmem Wasser einweichen. Anschließend abtropfen lassen, die letzte Flüssigkeit aus den Pilzen herauspressen und sie in Streifen schneiden. Währenddessen den Ofen vorheizen. Die Pilze auf einem Backblech verteilen, eine Stunde lang bei 175 Grad im Ofen garen und zwischendurch häufig wenden. Diese Zubereitungsart konzentriert das Aroma der getrockneten Shiitake und verwandelt sie in kleine Geschmacksbomben, die nicht nur bei Vegetariern gut ankommen. Diese »Bacon-Shiitake« eignen sich gut als Garnitur für Suppen und Salate.

Der Shiitake ist vor allem in Asien beliebt, wo er häufig auch angebaut wird. In China, Japan und Korea kennt man den Pilz schon seit prähistorischer Zeit, seine Zucht wurde zum ersten Mal in der chinesischen Song-Dynastie (960–1279) beschrieben. In Asien kann man getrockneten Shiitake in unterschiedlichen Qualitäten kaufen, von riesigen, makellosen Pilzen bis hin zu unregelmäßigen Scheiben oder gar Pulver. In Malaysia gilt der Shiitake als Delikatesse, die man in feinen Restaurants bestellt, wo er nicht gerade zu den billigsten Gerichten auf der Karte zählt. Deshalb wird auch genau registriert, wie viele Shiitake man serviert bekommt und wie groß sie sind. Eine Mahlzeit mit besonders vielen Shiitake ist ein Zeichen von Großzügigkeit und Gastfreundschaft. In Asien wird diesem Pilz auch eine gesundheitsfördernde Wirkung zugeschrieben. Er wird als Lebenselixier angesehen und auch gern als Medikament gegen verschiedene Beschwerden verschrieben. Alle Pilze produzieren unter dem Einfluss von UVB-Strahlen Vitamin D2, Shiitake enthält jedoch überdurchschnittlich viel davon. Heute wird er nicht nur in Asien angebaut, sondern auch in Brasilien, Russland und den USA. Der kommerzielle Markt für Shiitake wächst. Ursprünglich zog man sie auf Baumstämmen, neuerdings aber auch auf Säcken mit Sägespäne, was die Produktion in den USA in den letzten zehn Jahren extrem erhöht hat. Dank der neuen Methode kann man

Shiitake das ganze Jahr züchten und mehr Pilze innerhalb kürzerer Zeit anbauen. Neuerdings gibt es sogar kleine Sets zu kaufen, mit denen man Shiitake in der eigenen Küche anbauen kann.

Ein anderer Fleischersatz lässt sich aus Austernpilzen herstellen. *Jerky* sind normalerweise getrocknete, gewürzte und gesalzene Fleischstreifen, die man in den USA gern als Proviant auf Wanderungen mitnimmt. Um vegetarische Jerky herzustellen, schneidet man die Seitlinge in Scheiben und mariniert sie in Sojasauce, Ahornsirup, Apfelessig, Olivenöl, Paprikapulver und Salz. Die marinierten Scheiben auf einem Blech bei 120 Grad ein bis zwei Stunden im Ofen garen und zwischendurch wenden. Jerky aus Austernpilzen schmecken süß und würzig, und wenn man einmal angefangen hat, sie zu essen, kann man nur schwer wieder aufhören.

Ofenpilze mit Sesamöl und Sojasauce

Pilze aus dem Ofen sind eine Vorspeise, die bei Gästen gut ankommt und einfach zuzubereiten ist. Sesamöl und Sojasoße, gehackten Knoblauch und Petersilie zu einer Marinade vermischen. Außerdem sollte man doppelt so viel Knoblauch und Petersilie verwenden, als man nach europäischen Maßstäben gewohnt ist. Für dieses Gericht eignen sich sowohl Zuchtchampignons als auch eingeweichte Shiitake. Die Stiele entfernen und die Pilze mit dem Hut nach unten (sodass man die Lamellen sieht) auf ein Backblech legen. Einen Teelöffel der Marinade auf jeden Pilz geben und sie, kurz bevor die Gäste kommen, für ein paar Minuten in den Ofen schieben und gratinieren. Das Ergebnis ist ein sehr konzentrierter Geschmack. Das Gericht eignet sich auch gut für ein Tapas-Buffet.

Pastete

Pasteten haben den Vorteil, dass man sie gut vorbereiten kann. Als Aufstrich sind sie eine interessante Alternative zu Althergebrachtem und auch für Vegetarier geeignet. Für eine Pilzpastete kann man eine Mischung aus frischen und eingeweichten getrockneten Pilzen verwenden. Außerdem benötigt man Schalotten, gehäutete Mandeln, Sherry, weiße Misopaste (in Asialäden erhältlich) und das Wasser, in dem man die getrockneten Pilze zuvor eingeweicht hat. Die Mandeln in einer trockenen Pfanne rösten, bis sie duften, ohne anzubrennen, und beiseite stellen. Anschließßend in derselben Pfanne Öl erhitzen und die Pilze braten. Zunächst einen Esslöffel Misopaste und das Einweichwasser von den getrockneten Pilzen hinzugeben. Bei niedriger Hitze köcheln lassen, bis die Flüssigkeit reduziert ist. In einer anderen Pfanne Öl erhitzen und die Schalotten bei kleiner Hitze anschwitzen. Am Ende alles vermischen und mit einem Stabmixer pürieren. Mit Salz und Pfeffer und eventuell noch ein wenig mehr Miso abschmecken und mit Crackern oder Toast zur Käseplatte servieren.

Eingelegte Pilze

Wenn man Pilze übrig hat, vor allem hübsche kleine Exemplare, ist das Einlegen eine gute Möglichkeit, um sie zu konservieren. Eingelegte Pilze eignen sich als Beilage zu vielen Hauptgerichten; ihre Säure bildet einen angenehmen Kontrast zu Butter- oder Sahnesaucen. Wildpilze wie Steinpilze oder Pfifferlinge bei mittlerer Hitze in einer trockenen Pfanne erhitzen, bis ihre Flüssigkeit verdampft ist. Anschließend ein wenig Öl und in dünne Scheiben geschnittene Schalotten hinzugeben. Währenddessen eine Vinaigrette aus Öl und Balsamicoessig im Verhältnis 3 zu 1 zubereiten und über die Pilze geben. Mit Salz und Gewürzen oder frischen Kräutern abschmecken. In ein sauberes Einmachglas geben und mindestens 24 Stunden im Kühlschrank ziehen lassen. Mit gehobeltem Västerbottenkäse, Parmesan oder einer ähnlich würzigen Käsesorte servieren.

Pilzbraten

Wer Pilze als Hauptgericht servieren möchte, könnte einen
Braten daraus zubereiten. Den Ofen auf 160 Grad vorheizen und eine Kastenform mit Backpapier auskleiden. Anschließend einen Esslöffel Olivenöl und 15 Gramm Butter
in einer Pfanne erhitzen und eine Zwiebel sowie zwei Stan-
gen Staudensellerie (beide klein gehackt) etwa fünf Minuten darin anschwitzen. Zwei fein gehackte Knoblauchzehen und 200 Gramm frische Pilze in Scheiben dazugeben
und weitere zehn Minuten schmurgeln lassen. Eine klein
gewürfelte Paprika und eine geriebene Karotte hinzufügen und drei Minuten garen, ehe man die Mischung mit
einem Teelöffel Oregano und geräuchertem Paprikapulver
würzt. Um die Mischung zu einem Braten zu machen, werden nun 100 Gramm rote Linsen, zwei Esslöffel Tomaten-
mark und 300 ml Gemüsebouillon ergänzt. Alle Zutaten
bei kleiner Hitze köcheln lassen, bis die Linsen sämtliche
Flüssigkeit aufgesogen haben und die Mischung relativ
fest geworden ist. Die Pfanne von der Platte nehmen und
alles abkühlen lassen. Am Ende 100 Gramm Semmelbrösel,
150 Gramm gemischte, grob gehackte Nüsse, 3 geschlagene
Eier, 100 Gramm Käse (am besten eine gutgereifte Sorte wie
Parmesan oder Ähnliches), eine Handvoll gehackte Petersilie, Salz und Pfeffer unterheben. Die Masse gut verrüh-

ren und in die Kastenform geben. Mit Alufolie abdecken und 20 Minuten lang im Ofen garen. Anschließend die Folie entfernen und noch einmal für 10–15 Minuten weiterbacken, bis der Braten schön fest geworden ist. Abkühlen lassen und servieren.

Pilzsaucen

Kürzlich habe ich meinen Gästen einen sehr gelungenen Kalbsbraten mit Pilzsauce serviert. Ich hatte das Kalbsfleisch mehrere Stunden lang bei niedriger Temperatur gegart, und es schmeckte vorzüglich, aber zum Gedicht wurde das Gericht durch die Sauce. Meine Gäste nahmen eine zusätzliche Portion Fleisch, nur um mehr von der Sauce essen zu können.

In dem Bräter, in dem man zuvor das Fleisch angebraten hat, weicht man zunächst so viele getrocknete Pilze ein, wie man für die Sauce entbehren kann. Kalbsfond oder eine andere kräftige Brühe hinzugeben und anschließend Butter und Sahne, um den Geschmack abzurunden. Weil das Geheimnis einer guten Sauce vor allem im Fett besteht und ich noch Entenschmalz im Kühlschrank hatte, verwendete ich es anstelle von Butter. Anschließend pürierte ich alles mit einem Stabmixer. Mehl braucht man nicht, weil die zerkleinerten Pilze die Sauce binden. Zuletzt gab ich einen Esslöffel guten Senf dazu. Ich verwendete weder Schalotten noch Alkohol, was aber auch gut passen würde. Kurz vor dem Servieren streute ich noch ein wenig rosa Pfeffer darüber.

Candy Cap

Wenn man in die Lamellen von Milchlingen schneidet, sickert eine Flüssigkeit heraus. In Norwegen kennt man vor allem die Fichten- oder Edelreizker mit ihrer orangefarbenen »Milch«. Diese essbaren Milchlingsarten sind heiß begehrt bei Pilzsammlern und auch bei Würmern – deshalb sollte man sie vor den Würmern finden. In Norwegen wachsen viele verschiedene Milchlinge. Manche sondern eine lila Flüssigkeit ab, bei anderen ist sie eher rosa, gelb, weiß oder sogar klar wie Tränen. Einige verströmen zusätzlich einen charakteristischen Duft. Der *Lactarius rubidus,* auf Englisch *Candy Cap,* ist ein essbarer Milchling, der aromatisch riecht und vor allem in den USA vorkommt, wo er in kleinen Gebieten an der kalifornischen Küste wächst. Getrocknet riecht er nach Ahornsirup, Karamell, Fenchel und Curry. Die Saison dieses Pilzes beginnt im Januar. Dann veranstalten die heimischen Pilzvereine Wanderungen, in denen man nur diesen Pilz sucht, so wie wir in Norwegen im späten Frühjahr die Maipilze suchen. Im Jahr 2012 fanden Wissenschaftler heraus, was zum einzigartigen Aroma dieses Pilzes beiträgt, nämlich Soloton, ein aromatisches Ester, das in niedriger Konzentration nach Ahornsirup, Sherry und Karamell riecht und in höheren Dosen nach Curry. Der Hut dieses kleinen braunen Pilzes, der ansonsten eher unscheinbar wirkt, fühlt sich ein wenig uneben an, wie die Schale einer Clementine. Ein guter Tipp, um ihn zu erkennen.

Ich habe lange davon geträumt, an *Candy Caps* zu kommen, um ein Dessert damit zuzubereiten. Viele stutzen, wenn ich das erzähle, weil man gelernt hat, dass Pilze gesalzen und gepfeffert werden und sonst nichts. Pilze in Kuchen und Desserts sind undenkbar, weil wir es nicht kennen. Umgekehrt aß ich Avocado in Malaysia mit Palmzucker. Ich kannte sie nur als Dessert, bis ich nach Norwegen kam. Lakritz wiederum muss man nicht ausschließlich als Süßigkeit betrachten. In Spezialgeschäften ist heute auch Lakritzpulver erhältlich, das man beispielsweise über ein gebratenes Steak streuen kann. Als mir klar wurde, dass man Pilze auch in Süßspeisen genießen kann, war meine Neugier sofort geweckt.

Im Internet findet man viele amerikanische Rezepte und Bilder von Eis, Panna Cotta, Schlagsahne, Crème brûlée, Pfannkuchen, Keksen und anderen Leckereien – mit *Candy Cap*. In diesem Fall braucht man den getrockneten Pilz nicht einzuweichen. Stattdessen mahlt man ihn und vermischt das Pulver mit den anderen Zutaten. Es ist wichtig, nicht zu viel davon zu verwenden, weil der Pilz dann bitter schmecken kann. Fünf Gramm getrockneter *Candy Cap* genügen für einen 23 × 8 cm großen Käsekuchen. In allen Rezepten, die ich fand, wurde betont, dass der *Candy Cap* nach Ahornsirup schmeckt und nicht nach Pilz. Ich war glücklich, als es mir gelang, einige Gramm *Candy Cap* von der amerikanischen Westküste zu bestellen, und freute mich darauf, endlich mit diesem exklusiven und interessanten Pilz zu experimentieren.

Umso größer war meine Enttäuschung, als ich kurz darauf entdeckte, dass es mindestens zwei weitere *Candy Cap*-Arten gibt, von denen eine sogar in Norwegen wuchs: der Kampfermilchling, *Lactarius camphoratus.* Offenbar ist *Candy Cap* lediglich der Sammelbegriff für eine Reihe von Milchlingsarten, die, vor allem nach dem Trocknen, aromatisch duften. Während der kalifornische nach Ahornsirup riecht, verströmen unsere heimischen Kampfermilchlinge den Geruch von Curry. In Norwegen zählen sie nicht zu den Speisepilzen, weshalb es auch keine Tradition gibt, sie zu essen. In einem beliebten Nachschlagewerk über Pilze von Bo Nylén wird ihr Geschmack als zunächst mild, dann aber scharf beschrieben. Schon eine kurze Internetrecherche verrät allerdings, dass der Pilz in anderen Ländern durchaus gegessen wird, wo man ihn trocknet und zum Würzen von Suppen und Saucen verwendet. Möglicherweise haben wir hier ein weiteres Beispiel für die unterschiedliche Einschätzung dessen, was als essbar oder ungenießbar eingestuft wird. In Großbritannien wird der Kampfermilchling als *Curry Milkcap* und Nahrungsmittel verkauft, in China ebenfalls. Ich ärgerte mich, dass ich möglicherweise viel Geld für einen Pilz ausgegeben hatte, dessen Verwandter hier in Norwegen quasi vor der Haustür wächst.

Pfifferling-Aprikosen-Eis mit karamellisierten Pfifferlingssplittern

Dieses Rezept musste ich unbedingt ausprobieren, nachdem mich der angebliche Aprikosenduft der Pfifferlinge schon seit Beginn meiner Pilzleidenschaft beschäftigt.

Zunächst karamellisiert man die Pfifferlinge. Hierfür mischt man eine Tasse Zucker und eine Tasse Wasser und lässt sie mit einer Zimtstange in einem Topf aufkochen, bis ein Sirup entsteht. Zwei Tassen frische kleine Pfifferlinge hinzugeben, die man zuvor in kleine Scheiben oder Stückchen geschnitten hat. Den Topf von der Herdplatte nehmen und die Zimtstange entfernen. Anschließend den überschüssigen Sirup abgießen und die Pilzstückchen auf Backpapier abkühlen und trocknen lassen. Schon hat man karamellisierte Pfifferlinge – eine geheime Zutat, die man

Trompetenpfifferling, *Craterellus tubaeformis*

im Küchenschrank aufbewahren und mit der man jeden
Kochrivalen das Fürchten lehren kann.

Während die Pfifferlinge abkühlen, bereitet man das Eis
zu. Eine Tasse Milch, eine Tasse Schlagsahne, eine Tasse
frische Pfifferlinge und einige Zweige frische Pfefferminze
vorsichtig erhitzen. Notfalls kann man auch eine Drittel-

tasse getrocknete Pfifferlinge verwenden. 5 bis 6 getrocknete, gehackte Aprikosen dazugeben. Eine halbe Tasse
Zucker und zwei Eigelb in einer Schüssel schaumig schlagen. Die Milchmischung im Topf von der Herdplatte nehmen, sobald sie zu köcheln beginnt. Die Minze heraus-
angeln und wegwerfen und die Milch unter ständigem
Rühren ganz langsam in die Schüssel mit der Zucker-Ei-
Mischung geben. Anschließend alles wieder in den Topf
geben und bei kleiner Temperatur vorsichtig aufwärmen.
Den Abrieb einer halben Zitrone hinzufügen und weiter
rühren. Die Flüssigkeit wird nach und nach eindicken und
darf weder anbrennen noch kochen. Wenn eine sämige
Konsistenz erreicht ist, lässt man die Mischung ein wenig
abkühlen und stellt sie in den Kühlschrank. Nach etwa zwei
Stunden in eine Eiscrememaschine geben, damit diese die
restliche Arbeit erledigt. Das Eis mit den karamellisierten
Pfifferlingssplittern servieren.

»Dogsup«

Der Komponist John Cage sammelte nicht nur gern Pilze,
sondern wagte damit auch neue kulinarische Kreationen.
Dies ist seine Version von Ketchup, die er »Dogsup« nannte
(statt »Catsup«).

Folgende Zutaten werden benötigt: Speisepilze, Salz, Ingwer, ein Lorbeerblatt, Cayennepfeffer, schwarzer Pfeffer, Muskatblüten, Piment und Brandy. Die Hüte der Pilze würfeln, die Stiele in Streifen schneiden. Die Pilze in eine Keramikschüssel geben und für jedes Pfund einen Esslöffel Salz hinzufügen. Die Mischung drei Tage an einem kühlen Ort stehen lassen, jedoch regelmäßig umrühren. Am letzten Tag dreißig Minuten lang erhitzen, damit die Pilze Flüssigkeit abgeben. Die Pilze abgießen und in einer Küchenmaschine zerkleinern, den Sud beiseitestellen und den gehackten Ingwer und alle anderen Zutaten hinzugeben. Die pürierten Pilze und den Sud verrühren, in einen Topf geben und auf die Hälfte reduzieren lassen. Am Ende einen Schuss Brandy hinzugeben.

Als ich Cages Rezept fand, hatte ich Assoziationen zur »Pilz-Sojasauce«, die manche Pilzfreunde in Norwegen selbst herstellen und als Alternative zur herkömmlichen Sojasauce verwenden. Cage bevorzugte eine dickere Konsistenz und verwendete daher die Pilze, nachdem er den Sud abgegossen hatte, anstatt sie wegzuwerfen. Beide Saucen eignen sich gut, um Gerichten eine besondere Note zu verleihen.

Die Badezimmerwaage

Ich nahm jedes Kilo, das ich nach Eiolfs Tod verloren hatte, wieder zu. Im ersten Moment ärgerte ich mich darüber, dann aber dachte ich, dass es vermutlich ein gutes Zeichen war. Die Badezimmerwaage signalisierte klar und deutlich, dass ich wieder zu meinem Gewicht zurückfand – und auch ins Leben.

Scheidung vs. Tod

Nachdem Eiolf gestorben war, unterhielt ich mich oft mit einer Freundin, deren Ehe gescheitert war. Sie erzählte herzzerreißend vom allerletzten Abend, bevor sie aus ihrem Haus auszog. Wie sie noch einmal durch alle Zimmer ging. Sie hatte das Gefühl, sie würde aus dem gemeinsamen Zuhause der Familie vertrieben, das doch auch sie so viele Jahre lang aufgebaut hatte. Obwohl ich nicht viel über Scheidungen weiß, entdeckten meine Freundin und ich bei unserer jeweiligen Wüstenwanderung viele Gemeinsamkeiten, aber auch Unterschiede. Kann man verschiedene Formen des Verlusts überhaupt miteinander vergleichen? Ist es schlimmer, sich scheiden zu lassen, als Witwe zu werden? Bei einer Scheidung gibt es mindestens zwei Mitwirkende, weshalb Gefühle wie Kränkung, Demütigung, Scham und/oder Schuld involviert sein können. Zusätzlich muss meine Freundin auch damit zurechtkommen, dass ihr Ex-Mann eine eigene, konkurrierende Erzählung darüber hat, wie es ihnen gemeinsam erging und warum alles scheitern musste.

»Es wäre wohl leichter gewesen, wenn er tot wäre«, sagte sie ganz leise.

Das gute Latein

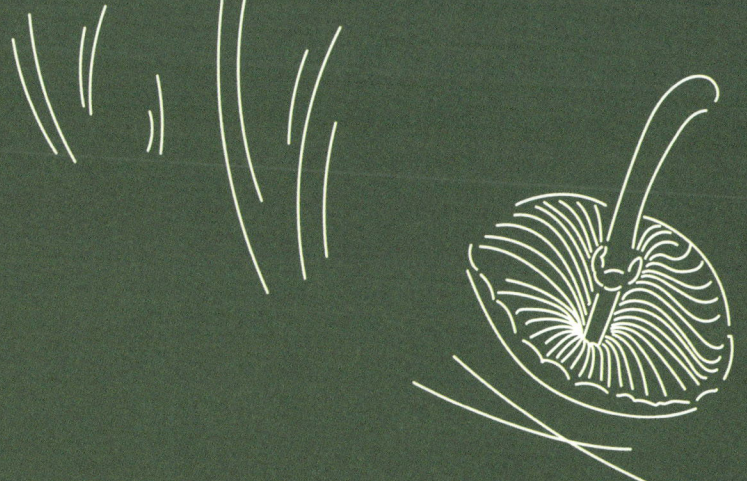

Als mykologische Novizin wurde ich schnell von dem Ausmaß an Wissen überwältigt, das man sich aneignen sollte. Ich fotografierte jeden neuen Pilz, den ich fand, schlug in Büchern und im Internet nach und sprach mit den Veteranen. Wie konnten die Experten bloß so viele verschiedene Arten erkennen? Was waren die wichtigsten Merkmale, auf die ich achten musste? Natürlich konkurrierten wir nicht darum, wer am besten war, aber derjenige, der einen Pilz identifizieren kann, den sonst niemand kennt, verschafft sich natürlich schnell Respekt. Ich war zutiefst beeindruckt vom Wissen der anderen und hatte das Gefühl, ich sei von Titanen umgeben. Wer noch dazu die wissenschaftlichen Namen kannte und sie meistens en passant fallen ließ, gewann in meinen Augen – und wohl auch in denen der anderen – noch mehr an Ansehen. Als ich hörte, dass bei der Prüfung zum Pilzsachverständigen nur die norwegischen Namen gefragt waren, atmete ich erleichtert aus. Es wäre unmöglich gewesen, auch noch die lateinischen und/oder griechischen Bezeichnungen zu lernen – denn bei den lateinischen Namen handelte es sich häufig um griechische Wörter, die latinisiert worden waren. Anfangs war es mir ein Rätsel, warum die Menschen für diese komplexen Bezeichnungen zusätzlich Zeit und Mühe investierten.

Inzwischen weiß ich, dass es viele gute Gründe dafür gibt, auch die wissenschaftlichen Namen der Pilze zu kennen. Wenn man zum Beispiel überprüfen will, ob man sein Fundstück richtig identifiziert hat, und den norwegischen

Namen im Internet eingibt, erhält man bei Weitem nicht so viele Treffer – und vor allem Bilder – wie bei der Verwendung des wissenschaftlichen Namens. Und schon in Schweden oder Dänemark wird man feststellen, dass man mit Norwegisch allein nicht weit kommt. Pilze haben nun einmal in unterschiedlichen Sprachen unterschiedliche Namen: Der Steinpilz, in Norwegen *steinsopp,* heißt in Schweden und Dänemark *karljohansvamp,* in Frankreich *cèpe,* in Italien *porcino,* in den USA *King Bolete* und in Großbritannien *Penny Bun.* Sein wissenschaftlicher Name lautet dagegen auf der ganzen Welt *Boletus edulis.* Will man sich mit Gleichgesinnten in anderen Ländern austauschen oder an Veranstaltungen im Ausland teilnehmen, ist die Kenntnis der wissenschaftlichen Namen also eine Voraussetzung; das Pilzlatein ist mehr als nur Angeberei.

Natürlich kann man die wissenschaftlichen Namen einfach nur auswendig lernen, aber viel lustiger wird es, wenn man auch versteht, was sie bedeuten. Alles mykologische Wissen trägt zu einem besseren Verständnis der Pilze bei, und der Name spielt dabei eine besondere Rolle. Oft gibt er wichtige Hinweise über die Besonderheiten einer Art. Der Violette Rötelritterling hat zwar als junger Pilz tatsächlich eine lila Färbung, aber sein lateinischer Name, *Lepista nuda,* beschreibt die Oberfläche des Huts – egal, ob der Ritterling jung oder alt ist. *Nuda* ist die feminine Form von *nudus,* nackt, und der Hut dieses Pilzes sieht tatsächlich aus wie nackte Haut und fühlt sich auch so an. Jetzt verstand ich

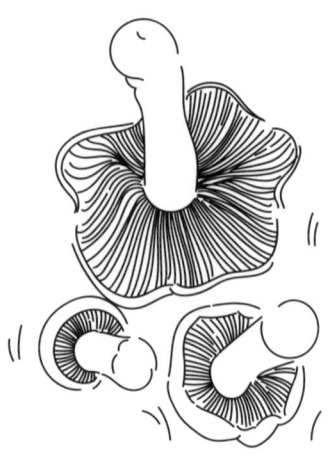

Violetter Rötelritterling,
Lepista nuda

endlich auch, warum sich die Norweger, die ohne Kleidung herumlaufen, Nudisten nennen. Auf diese Weise kann das Pilzlatein noch zu anderen wichtigen Erkenntnissen im Leben führen.

Der Violette Rötelritterling hat nicht nur eine interessante Farbe, sondern wächst darüber hinaus oft in Hexenringen. Er sieht so sonderbar aus, dass man denken könnte, er würde nur im Märchenwald existieren. Tatsächlich aber wächst er in ganz normalen Wäldern und sogar auf Rasenflächen in Gärten. Er hat seine treuen Fans, die sich die Mühe machen, den Pilz zu blanchieren und das Wasser abzugießen, ehe sie ihn braten. Ich habe die Prozedur einmal auf mich genommen, um ihn zu probieren, dann aber festgestellt, dass er nichts für mich ist. Möglicherweise war ich zu sehr davon beeinflusst, was mein erster Pilzlehrer über den Violetten Rötelritterling gesagt hatte – dass er nach verbranntem Gummi riecht und nach Niere schmeckt. Inzwischen habe ich allerdings gehört, nur jene Exemplare, die unter Edeltannen wüchsen, würden nicht schmecken, wohingegen Violette Rötelritterlinge aus Buchenwäldern vorzüglich seien. Das letzte Wort in dieser Sache ist also noch nicht gesprochen. Wie dem auch sei – wenn ich einen Violetten Rötelritterling finde, beglückt mich das immer gleich dreifach. Zuerst freue ich mich über den Fund eines Pilzes, den ich bis vor Kurzem noch gar nicht kannte, dann ernte ich ihn vergnügt, um eine Freundin damit zu überraschen, die diese Art besonders liebt. Und zu guter Letzt ergötze ich mich an seinem vortrefflichen wissenschaftlichen Namen.

Pilzlatein für Dummies

Pilzlatein ist gar nicht so schwer zu lernen, wie man denken könnte. Natürlich ist es ein Vorteil, wenn man gute und geduldige Lehrer hat. Ich habe viele Gespräche mit dem Pilz- und Lateinkenner Oliver Smith geführt, der mir zu einem ganz neuen Verständnis dieser geheimen Welt verhalf. Obwohl man die Begriffe »Familie« und »Gattung« gern einmal durcheinanderbringt, habe ich dank der Pilze gelernt, dass es in der Biologie wichtig ist, die Bezeichnungen klar voneinander zu trennen, weil sie auf unterschiedliche Ebenen in der Systematik verweisen. Eine Familie umfasst mehrere Gattungen, eine Gattung wiederum mehrere Arten. Ab und zu habe ich Aussetzer und rede ganz unpräzise von »Pilzsorten« oder werfe die unterschiedlichen Klassen im System durcheinander. So mancher Pilzkenner verdreht dann die Augen, aber man kann auch Glück haben und auf geduldige Veteranen stoßen, die einem alles noch einmal in Ruhe erklären.

In den Anfängen der Mykologie musste man sich auf makroskopische Beobachtungen beschränken, das heißt alles, was man mit dem bloßen Auge erkennen kann. Später kam das Mikroskopieren der Pilzsporen hinzu. Man geht davon aus, dass Sporen wie individuelle einzigartige »Fingerabdrücke« sind. In der Realität sind viele Pilzarten allerdings selbst mit einem starken Mikroskop nicht leicht zu bestimmen. Auch hier spielen die Erfahrung und das eigene Ermessen eine große Rolle. Seit es Rasterelektronenmikroskope und DNA-Analysen gibt, ändern sich die Gattungen der verschiedenen Pilzarten mit rasanter Geschwindigkeit, und dasselbe gilt auch für die wissenschaftlichen Namen. Von einer Freundin, mit der ich schon seit vielen Jahren Pilze sammle, hörte ich zum ersten Mal von »Mousserons« und wunderte mich über den Namen. Mein Problem war, dass ich den Pilz in keinem meiner Bücher finden konnte, bis mir dämmerte, dass der frühere »Mousseron«, damals auch als Hufritterling oder Hufmaischwamm bekannt, der später zum Maipilz und *Calocybe gambosa* wurde, einst *Tricholoma gambosum* hieß. So was kommt in den besten Familien vor. Neue Mitglieder kommen hinzu, alte fallen weg, die Namen ändern sich.

Der spezifische Status der Arten wird von den Regeln für eine gültige Namensbildung geschützt, wie sie der *International Code of Botanical Nomenclature* festlegt. Ein wissenschaftlicher Name besteht aus zwei Teilen: dem Namen der Gattung, der an erster Stelle steht, und dem darauffolgenden Epitheton. Für mich ist der Name der Gattung der »Nachname« der Pilze, ihr Epitheton der Vorname. Beide werden kursiviert. Weil ich mit der chinesischen Namenstradition aufgewachsen bin, bei der der Nachname an erster Stelle steht, erscheint mir das naheliegend. Die Gattung wird großgeschrieben, das Epitheton klein. Es kann auf viele relevante Eigenschaften des Pilzes verweisen, seine Farbe, Form oder Größe, seinen Geruch oder Geschmack – oder auf etwas ganz anderes.

Farbe und Form

Ist die Farbe Teil des wissenschaftlichen Namens, bezieht sie sich meistens auf Hut oder Stiel, mitunter aber auch auf die Lamellen, das Sporenpulver oder sogar die Milch. Der Dickblättrige Schwarztäubling etwa heißt *Russula nigricans*. *Nigricans* leitet sich von *niger* ab, dem lateinischen Wort für schwarz. In diesem Fall verweisen sowohl der deutsche und der norwegische wie auch der wissenschaftliche Name auf die schwarze Farbe des Pilzes. Meiner Meinung nach wäre der Schwarztäubling ein geeigneter Finalist, wenn man den hässlichsten Pilz Norwegens küren müsste. Als junger Pilz ist er schmutzig braungrau, wenn er älter wird, tiefschwarz, und für Exemplare aus dem Vorjahr wäre wohl »verkohlt« die richtige Beschreibung. Er ist kräftig, fleischig und fest und sitzt meistens ziemlich fest im Boden. Sein Aussehen verlockt vermutlich nicht viele dazu, ihn zu probieren.

Ein schneller Blick ins Pilzbuch offenbart viele weitere Epitheta, die auf die Farbe Bezug nehmen. Der Gemeine Orangebecherling heißt beispielsweise *Aleuria aurantia,* und *aurantia* kommt vom lateinischen *aurum,* was Gold bedeutet. Der Orangebecherling ist ein hübscher kleiner Pilz, der aussieht wie eine Skulptur und in dichten Grüppchen am Wegesrand wächst. Er ist essbar, aber das Fleisch gibt nicht viel her, weshalb es vielleicht besser ist, ihn als Augenweide in der Natur stehen zu lassen. Jedes Mal, wenn ich Orangebecherlinge finde, überlege ich, ob man sie vielleicht versilbern und Ohrstecker daraus machen könnte, weil sie so eine schöne moderne Schalenform haben. Das Epitheton des Kupferroten Gelbfuß oder *Chroogomphus rutilans* bezieht sich ebenfalls auf seine gelbrote Farbe. Er hat einen korkenförmigen Stiel, der sich beim Braten dunkelrot färbt, wie Rote Beete. Wenn man viel davon isst, verfärbt sich auch der Urin. Der Kupferrote Gelbfuß ist ein elastischer Pilz mit einem kleinen Buckel auf dem Hut und meiner Meinung nach sehr wohlschmeckend.

Der Grünfaserige Raukopf heißt mit wissenschaftlichem Namen *Cortinarius venetus. Venetus* bedeutet blau- oder meeresgrün, und mein Lateinexperte Smith erklärt mir, dass dieses Wort außerdem auf Venedig verweist. Das Kuriose an diesem Pilz ist, dass man ihn zum Färben verwenden kann. Behandelt man weiße Socken damit, sehen sie bei Tageslicht immer noch weiß aus. Unter Schwarzlicht, in einer Disko zum Beispiel, phosphoreszieren sie und leuchten grün. In der Realität ist dieser nicht essbare Pilz aber weder blau- noch meeresgrün, sondern hat eine langweilige braune Farbe mit einem Hauch von olivgrün. Der Violette Lacktrichter- ling *Laccaria amethystina* wiederum ist nach dem lilafarbe- nen Schmuckstein Amethyst benannt. Wenn man denkt, Pilze könnten nur weiß oder braun sein, ist es ein Erlebnis, diese Art zum ersten Mal zu sehen. Der kleine Trichterling ist durch und durch violett: der Hut, die Lamellen, der Stiel und sogar das Fleisch, wenn man hineinschneidet – ein Pilz wie aus dem Märchen.

Der Weinrote Kiefernreizker, *Lactarius sanguifluus*, der nicht in Norwegen wächst, ist ein lachsroter Pilz, dessen Milch jedoch eine dunkelrote Farbe hat. Das lateinische Wort *sangius* bedeutet Blut. In Spanien, wo der Pilz als Deli- katesse gilt, habe ich ganze Berge davon gesehen. Auf den Märkten wird er gern in kleinen »Pyramiden« arrangiert, und ich muss dann an die Sammler, die Arbeit und die Logistik denken, die dahinterstecken. Es ist immer schön zu sehen, wie wilde Pilze im Ausland zum Verkauf ange- boten werden, wo das vielfältige Angebot und die Qualität zeigen, dass die Kunden viel wählerischer sind als bei uns in Norwegen. Hier habe ich in trendigen Läden schon überteuere Pfifferlinge und andere Wildpilze von so schlechter Qualität gesehen, dass sie eigentlich gar nicht hätten verkauft werden dürfen.

Die Milch unserer heimischen Reizker, die nur austritt, wenn man die Lamellen mit dem Messer anritzt, ist im Vergleich zum Kiefernreizker eher orangefarben.

Beim ungenießbaren Bluttäubling, *Russula sanguinea*, bezieht sich der Name auf seinen durch und durch roten Hut. Sein Stiel ist fest, sein Geruch fruchtig, der Geschmack jedoch, wenn man versucht ist, ihn zu probieren – was mir nie einfallen würde –, brennend scharf.

Eine der spektakulärsten Geschichten, die man sich in unserem Verein erzählt, handelt von einem Pilz, den man über siebzig Jahre lang für ausgestorben hielt, ehe er im Jahr 2009 wiedergefunden wurde. Der auferstandene Pilz war der Kugelige Gallertbecherling, *Sarcosoma globosum*. Seine neuerliche Entdeckung führte zu einer Wallfahrt an den Fundort in Ringerike – eine beinahe religiöse Reise für die Pilzfreunde, die bis heute gern unternommen wird. Für einen Außenstehenden mag dieser Pilz, wie der Name schon andeutet, aussehen wie ein widerwärtiger, schwabbeliger dunkler Klumpen. Mir wurde das Glück zuteil, dass mich einige freundliche Veteranen mit auf die Pilgerfahrt nach Ringerike nahmen. Ich war die Einzige, die diesen sensationellen Pilz noch nie gesehen hatte. Die anderen wollten das Wunder einfach gern ein zweites Mal bestaunen. Dass der Pilz ungenießbar ist, spielte in diesem Zusammenhang keine Rolle. Der harte Kern des Vereins ist vor allem wissbegierig. Diese Menschen sind nicht nur auf die essbaren Pilze aus, sondern haben den dringenden Wunsch, mehr über *alle* Pilze zu erfahren. Manche von ihnen stellen ihr Leben ganz in den Dienst ihres Hobbys. In ihren Augen ist es beinahe vulgär, sich nur deshalb für Pilze zu interessieren, weil man sie gern verspeist. Ich musste erst lernen, dass man mit der Frage, ob ein Pilz essbar ist oder nicht, womöglich riskiert, mit den einfachen »Sonntagssammlern« über einen Kamm geschoren zu werden. Inzwischen frage ich ein wenig vorsichtiger, wenn ich von den ganz Hartgesottenen umgeben bin. Denn obwohl ich Speisepilze liebe, betrachte ich mich letzten Endes doch als seriöse Pilzfreundin.

Und nun waren wir also unterwegs, um dem Kugeligen Gallertbecherling einen Besuch abzustatten. Wir folgten unserem ortskundigen Führer in den Wald von Ringerike, wo die Gallertbecherlinge im Frühjahr aus dem Boden schießen. Ihre runde Becherform und ihre schwarze Farbe sind von der Natur perfekt gestaltet, um die frühen Sonnenstrahlen aufzufangen.

Das Zwitschern der kleinen Vögel signalisierte, dass der Mai gekommen war, und es roch feucht und frühlingshaft, doch beides nahmen wir nur am Rande war. Vermutlich sah auch niemand die Brennnesseln, die am Wegrand wuchsen und den Frühling willkommen hießen und genau die richtige Höhe hatten, um gepflückt und zu einer herrlichen Suppe verarbeitet zu werden, zusammen mit etwas Lieb-

Kugeliger
Gallertbecherling,
Sarcosoma globosum

stöckel und einem pochierten Ei. Um gar nicht erst vom Echten Kümmel zu sprechen, der direkt nebenan spross und von Kennern für die Festtagssuppe am 17. Mai verwendet wurde. Nachdem ich schon eine ganze Weile mit den Experten des Pilz- und Nutzpflanzenvereins unterwegs war, verstand ich auch, was die Leute meinten, wenn sie den Wald als Schatzkammer bezeichneten. Mitten im Wald waren wir alle andächtig und zutiefst konzentriert auf das Wesentliche.

Ich sah den Gallertbecherling nicht, bis unser Führer auf einen großen, runden und dunklen Klumpen am Fuß eines Baumes deutete. Und dort wuchs nicht nur einer, sondern gleich mehrere dieser Wunderpilze in allen Größen und Formen und in jedem Alter. Die meisten waren so groß wie eine Apfelsine und schienen einen zähflüssigen Inhalt zu haben, der von einer schwarzen, lederartigen Haut umgeben war. Die obere Schicht vibrierte leicht, wie Wackelpudding. Es war das Seltsamste, was ich je gesehen hatte.

Im Übrigen ist dieser Pilz ein Beispiel dafür, dass die Epitheta auch die Form beschreiben können. Sein wissenschaftlicher Name lautet *Sarcosoma globosum,* und tatsächlich ist der Gallertbecherling rund wie ein Globus. Er kann so groß werden wie ein Tennisball, wiegt jedoch ein paar hundert Gramm mehr. Ich habe gehört, dass sich die Kinder in Schweden, wo der Pilz verbreiteter ist, damit bewerfen wie mit Schneebällen. Wenn der Pilz platzt und die Kinder mit seinem glibberigen schwarzen Inhalt bespritzt, hält sich die Freude über dieses Spiel bei den Eltern zu Hause vermutlich eher in Grenzen. Manche schwedischen Bäckereien stellen auch Schokoladenfondant her, das die Form von Gallertbecherlingen hat. Das wäre eigentlich auch ein schönes Ausflugsziel für alle Pilz- und Schokoladeninteressierten.

Der Knollige Schleierritterling, *Leucocortinarius bulbiger,* hat einen seltsamen zwiebelförmigen Stiel, und tatsächlich bedeutet das lateinische Wort *bulbus* auch »zwiebelförmig«.

Dieser Pilz mit seinem eigenartigen Fuß ist selten, ich habe ihn noch nie in der Natur gesehen. Das griechische Wort für Fuß ist *pous,* das in den Epitheta der Pilze üblicherweise zu *pus* wird, wie beim überaus hübschen, aber bitter schmeckenden Schönfußröhrling, *Boletus calopus.* Wer diese Art einmal gesehen hat, versteht sofort, wie sie zu ihrem Namen kommt. Der Stiel hat eine intensive, karmesinrote Farbe, die den ganzen Pilz erleuchtet und noch dazu mit einem groben Netzmuster überzogen ist, das ihn unverwechselbar macht.

Zu einem unserer Lateingespräche kam mein Experte Smith mit einem alten Rucksack, aus dem er mit einer dramatischen Geste einen gefriergetrockneten Spitzschuppigen Stachelschirmling, *Echinoderma aspera,* hervorzog. Er drehte den Pilz vorsichtig zwischen seinen Fingern hin und her, ohne etwas zu sagen. Obwohl der Pilz durch das

Trocknen ein wenig geschrumpft war, konnte man die spitzen, dunklen Schuppen auf seinem Hut unschwer erkennen. *Asper* bedeutet nämlich »rau«. Smith wendete den Pilz und machte mich darauf aufmerksam, dass die Lamellen hell waren – ein wichtiger Hinweis darauf, dass es sich *nicht* um einen Riesenchampignon handelte, eine gefährliche Verwechslung, die offenbar häufiger vorkommt. Während der Riesenchampignon himmlisch schmeckt, ist der *Echinoderma aspera* giftig. Beide Pilze haben kleine, braune Schuppen auf dem Hut, aber das ist auch schon die einzige Gemeinsamkeit.

Geruch, Aroma und Größe

Die Epitheta können unsere Aufmerksamkeit neben der Form und Farbe auch auf den Geruch und das Aroma der Pilze lenken. Der Grüne Anistrichterling, *Clitocybe odora*, riecht so stark nach Anis, dass mancher diesen blaugrünen Pilz angeblich schon in Schnaps eingelegt hat, um ein besonderes Aroma zu erzeugen. Das lateinische Wort *odor* bedeutet Geruch oder Parfümduft. Wer nun erwartet, dass auch der Duftende Zwergtäubling, *Russula odorata*, angenehm riecht, liegt ganz richtig. Er ist nicht essbar, verströmt aber ein fruchtiges Aroma.

Viele Epitheta verweisen auch auf die Größe, so auch bei den Kleinen Erdsternen, *Geastrum minimum.* Als ich zum ersten Mal einen Erdstern mit seiner gezackten Form sah, musste ich sofort an Weihnachtsschmuck denken. Es verwundert beinahe, dass noch niemand auf die Idee gekommen ist, ihn mit Goldlack zu besprühen und als Deko zu verkaufen. Auf der anderen Seite der Skala befindet sich der *Langermannia gigantea,* der Riesenbovist – *giganteus* heißt übersetzt »riesig« oder »sehr groß«. Es handelt sich um einen schneeweißen Pilz, der rund ist wie ein Ball, weshalb Kinder auch gern dagegentreten. Nach einer gewissen Zeit »explodiert« der Pilz und stößt die reifen Sporen in dunklen Wolken aus. Findet man hingegen ein Exemplar, das innen noch ganz weiß ist, kann man es in Scheiben schneiden, panieren und braten. Diese Boviste sind groß wie Kürbisse und müssen mitunter im Auto angeschnallt werden, um sie sicher in die heimische Küche zu transportieren.

Einmal durfte ich als eine von wenigen Auserwählten an einer Exkursion nach Bjerkøya teilnehmen. Ziel des Ausflugs war es, den Riesenritterling, *Tricholoma colossus,* zu finden, einen seltenen Pilz, der auf der roten Liste der bedrohten Arten steht. Und wie sich aus dem Epitheton ablesen lässt, ist er kolossal. Bei unserer Tour auf die Insel entdeckten wir zum Schluss tatsächlich ein Exemplar am Ende eines verschlungenen und teilweise steilen Pfades, der durch einen spärlichen Kiefernwald führte. Der Hut dieses Pilzes, der rund, fest und kompakt ist, kann bis zu 25 Zentimeter breit werden.

Gemeiner Riesenschirmling, *Macrolepiota procera*

Ebenfalls groß, aber weiter verbreitet und leichter zu erkennen ist der Gemeine Riesenschirmling, auch als Parasol
bekannt. Sein wissenschaftlicher Name lautet *Macrolepiota
procera,* weil er – worauf *procera* verweist – groß, schlank und
rank ist. In Oslo kommt er nicht vor, aber in der Provinz
Vestfold und weiter südlich an der Küste. Ich fand meinen
ersten Parasol im Ausland, in Frankreich am Strand. Es war
am letzten Tag eines Pilzkongresses, und vor dem großen Ab-
schlussessen hatten wir ein wenig freie Zeit zur Verfügung.
Die Mittelmeersonne schien noch hell, obwohl es schon spät
geworden war, und abgesehen von ein oder zwei Joggern war
der Strand menschenleer. Offenbar hatte der Lauftrend also

auch Korsika erreicht, eine Insel, die man für gewöhnlich wohl eher mit armen Bauern und Fischern in Verbindung bringen würde – und natürlich mit Napoleon. Waren die Jogger ein Zeichen dafür, dass der Wohlstand vom Festland über das ligurische Meer bis auf die Insel geschwappt war?

Dies war eine dieser Fragen, zu der Eiolf garantiert eine Meinung gehabt hätte. Seit Eiolfs Tod schaue ich immer aus dem Fenster, wenn ich im Flugzeug sitze, und betrachte die Wolken. Ich weiß, dass das vollkommen irrational ist, aber ich halte tatsächlich nach ihm Ausschau, nach ihm, der weder an den Himmel noch an die Hölle glaubte.

Am ersten Abend des Kongresses hatten wir einen Vortrag über Pilze gehört, die in Sanddünen wachsen. Die »Sandpilze« auf Korsika sind offenbar etwas ganz anderes als unsere Sand-Röhrlinge, *Suillus variegatus*. Letztere wachsen vor allem in kalkarmen Nadelwäldern, weit entfernt vom Salzwasser. Bisher hatte ich noch keine Zeit gehabt, die korsischen Strände gründlicher abzusuchen, hoffte insgeheim jedoch darauf, vor meiner Abreise noch einen Pilz im Sand zu finden. Ich spazierte mit einigen anderen Teilnehmern nur wenige Meter vom Wasser entfernt, weil wir davon ausgingen, dass die Pilze wahrscheinlich dort wuchsen, wo es Algen, Tang und Mittelmeersukkulenten gab, knubbelige, kaktusähnliche Pflanzen ohne Stacheln; denn von irgendetwas mussten sie sich ja ernähren. Erst entdeckte ich nur einige seltsame Strandpflanzen, die ich noch nie gesehen hatte. Im nächsten Moment fiel mein Blick auf einen großen Parasolpilz, und ich hatte sofort ein Kribbeln im Bauch. Sein Stiel, der ein charakteristisches gezacktes Schlangenmuster hat, kann bis zu 40 Zentimeter hoch werden und der Hut bis zu 30 Zentimeter breit. Noch dazu hat dieser Pilz ganze zwei Ringe, die sich obendrein verschieben lassen. Er ist ein begehrter Speisepilz, ich hatte gehört, dass man seinen Hut einfach so oder paniert braten kann wie ein Steak oder Schnitzel, weshalb er bei Vegetariern sehr beliebt ist. In Norwegen findet man ihn auf Wiesen oder in Kiefern- und Fichtenwäldern, aber niemals am Strand. Ich jubelte innerlich und legte mich direkt auf die Sukkulenten – die mein Gewicht verkraften konnten –, um die Pilze aus allen möglichen Winkeln zu fotografieren. Ein anderer Teilnehmer musste sich davor stellen und den Pilz von der Sonne abschirmen. Wir wussten alle, dass ein Pilz selten allein kommt, und tatsächlich fanden wir kurz darauf auch noch Fliegenpilze – am korsischen Strand. Anscheinend brauchten die Fliegenpilze zur Bildung einer Mykorrhiza nicht unbedingt eine Birke, wie ich gelernt hatte, ein Weidenbaum direkt nebenan erfüllte diesen Zweck genauso gut.

Das immerwährende Geschenk

Wie schon erwähnt, ist der wissenschaftliche Name der Pilze eine Voraussetzung dafür, mit Mykophilen im Ausland zu kommunizieren. Das Pilzlatein ist daher kein einmaliges Vergnügen, sondern ein Geschenk, das niemals endet.

Das erinnert mich daran, wie ich einmal bei einem Freund zu Hause war, der uns nach dem Essen seine Lieblingslieder auf Spotify vorspielte. Das war mehrere Jahre nach Eiolfs Tod. Er schien durch und durch beglückt, uns seine Musik nahezubringen, wie ein berauschter DJ. Von seinem Enthusiasmus angesteckt, loggte ich mich zu Hause auf meinem eigenen Spotify-Account ein, den ich nach Eiolfs Tod komplett vergessen hatte.

Mich überlief ein Zittern, und meine Wangen wurden heiß, als ich plötzlich sah, dass Eiolf und ich unsere Playlists miteinander geteilt hatten, kurz bevor er starb. Das war mir völlig entfallen.

Plötzlich bekam ich viele Stunden Musik geschenkt, die Eiolf ausgesucht und sorgfältig zusammengestellt hatte. Ich hatte diese Liste auf keinen Fall schon einmal gehört, weil so vieles darauf überraschend und neu für mich war. Ich lauschte jedem einzelnen Lied voller Interesse, und gleichzeitig war es großartig, die Zusammenstellung in ihrer Gesamtheit zu hören. Was alle Künstler und Songs auszeichnete, war, dass sie Eiolf berührt hatten. Ich bekam Herzklopfen, als mir bewusst wurde, was für ein großes Geschenk ich bekommen hatte. Ich musste die Liste in kleinen Dosen hören, um die Musik ganz auf mich wirken lassen zu können.

Ich drückte auf »Play« und dankte für dieses unerwartete Geschenk.

Der Himmelskuss

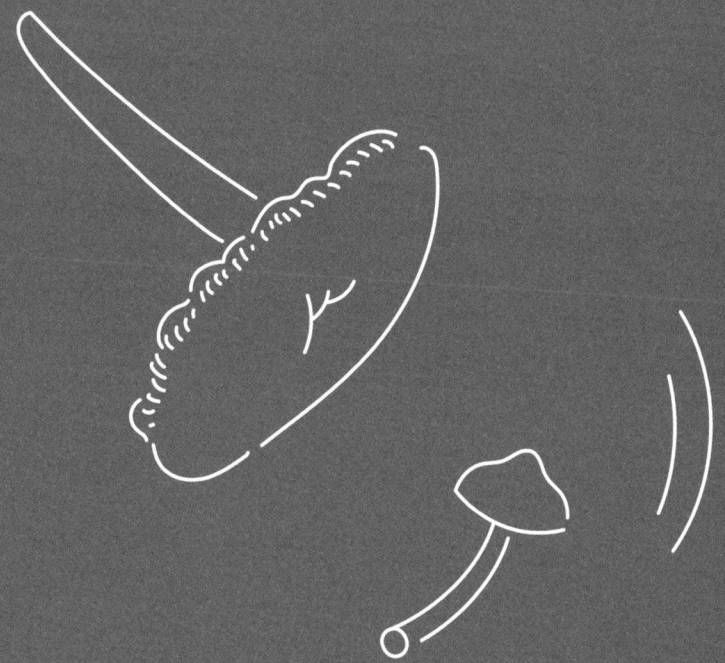

Von Fredrik Barth, meinem früheren Dozenten der Anthropologie, habe ich gelernt, wie wichtig es ist, die eigenen Grenzen auszuweiten und die Komfortzone zu verlassen. Wenn man sich in einer fremden Umgebung befindet, kann es verlockend sein, nur mit den ersten freundlichen Informanten zu sprechen, denen man begegnet. Barth riet hingegen, möglichst mit jemandem in Kontakt zu treten, den man noch nicht kannte, und Orte zu besuchen, an denen man noch nie gewesen war. Auf diese Weise ist der Anthropologe gezwungen, Erklärungen zu finden, die eine größere Gültigkeit und Durchschlagskraft haben.

Diese Methode wandte ich auch oft bei meiner »Feldarbeit des Herzens« an. Selbst wenn es qualvoll war, wenn ich mich in der einsamen, unbekannten Landschaft verlief, kann ich rückblickend erkennen – auch wenn das seltsam klingen mag –, dass es auf eine Art und Weise auch positiv ist, nicht immer sofort den Weg zu finden. Mitunter bringt es sogar eine unerwartete Freude mit sich, wenn man für einen Moment die Orientierung verliert. Das setzt allerdings voraus, dass man die Qual der Ungewissheit erträgt. Die eigenen Grenzen auszuweiten ist jedenfalls keine schlechte Idee, wenn man auf der Suche nach einem neuen Sinn im Leben ist.

Ich habe lange gedacht, die Pilze hätten mich gerettet. Doch als ich diese neue Leidenschaft entdeckte, war ich eigentlich noch gar nicht im Stande, mit anderen Menschen in Verbindung zu treten. Zu diesem Zeitpunkt waren stille

Wälder und stumme Pilze vermutlich die beste Gesellschaft für mich. Erst nachdem ich den Tunnel der Trauer hinter mir gelassen hatte, war ich wieder zu anderen Formen der Freizeitgestaltung fähig. Wenn ich genauer darüber nachdenke, wurden die Pilze vielleicht nicht ganz zufällig meine Rettung.

Wenn ich Pilze sammle, hat mein Outfit nicht unbedingt die höchste Priorität. Auf den ersten Blick sieht ein Pilzsammler, egal ob männlich oder weiblich, so aus, als käme er von einem fremden Planeten: von Kopf bis Fuß in Goretex gekleidet und mit Insektenschutzmittel eingeschmiert. Ich kleide mich so, wie es für einen Jäger und Sammler im Wald am praktischsten ist. Obwohl ich nach etwas Essbarem suche, freue ich mich auch, wenn ich ungenießbare Pilze finde, die aus einer mykologischen Perspektive trotzdem von Interesse sind. Und die Krönung des Ganzen besteht darin, dass mir ein neuer Pilzfreund einen geheimen Fundort zeigt oder umgekehrt.

Eine Wanderung im Pilzreich setzt wache Sinne und Präsenz voraus. Ich nehme etwas Neues wahr, ergo bin ich eine neue Person. In die Pilze zu gehen versetzt mich in einen Flow. Ich jage diesem Pilzflow nach, bei dem ich eins mit der Natur werde. Ich jage, um zu überleben und zu leben. Im Fluss zu sein heißt, einen Sinn zu finden, und einen Sinn zu finden bedeutet, ganz langsam den inneren Sturm zu besänftigen.

Im Nachhinein sehe ich, dass meine Reise als Witwe durch die Landschaft der Trauer für mich der Weg zu einem neuen

Frühling war. Durch meine inneren und äußeren Reisen kam das Leben schleichend zu mir zurück, und ich erlebte das ungewohnte Gefühl, mir selbst neu zu sein.

»Komm doch mit ins Valka. Heute spielt die Kapelle *Sturm und Drang*, die früher *Oslo Tangoforening* hieß.« Mein alter Professor lud mich spontan ein, ihn zu begleiten, als ich ihn unter der Woche zufällig abends auf der Straße traf. Ich kam gerade von der Arbeit, war erschöpft und hatte mich auf einen Abend zuhause gefreut. Doch ich ließ mich überreden.

Wie sich herausstellte, war es eine kluge Entscheidung gewesen. So viel Spaß hatte ich schon lange nicht mehr gehabt.

Das Restaurant Valkyrien, im Volksmund »Valka« oder »Valken« genannt, ist eine einfache Kneipe im Westen von Oslo, die es schon seit über hundert Jahren gibt. Die Stimmung war bereits ausgelassen, als wir aus der eisigen Winterkälte in das warme Lokal traten. Aus reiner Neugier hatte ich hier vor vielen Jahren schon einmal den Kopf hereingesteckt, ihn jedoch schnell wieder zurückgezogen, weil das Land damals noch nicht mit dem Raucherschutzgesetz gesegnet war. Der Raum war vollkommen verqualmt gewesen, und die Gesichtsfarbe der Stammgäste hatte sich kaum von der grauen Tapete abgehoben. Das war kein Ort für mich gewesen.

Diesmal war es anders. Die Möbel waren immer noch kunterbunt zusammengewürfelt, die Rauchschwaden jedoch verflogen, an den Wänden hingen gerahmte Bilder von Willy Brandt und Trotzki, und eine fröhliche Kapelle spielte Romamusik. Es gab keinen einzigen freien Stuhl mehr, die Gästeschar war eine wilde Mischung, vom Diplomaten bis hin zum Obdachlosen, und ich hätte nur schwer sagen können, wer welcher Gruppe angehörte, hätte es mir mein Professor nicht ins Ohr geraunt. Der Alters- und Bildungsdurchschnitt war hoch. Hier konnte man damit rechnen, dass lateinische Sprichwörter verstanden wurden, und gleichzeitig herrschte eine unverstellte und ungehemmte Freude an den volkstümlichen Melodien.

Fünf Musiker, jeder mit einem Glas vor sich, spielten aus Herzenslust. Ob sie in flüssigen Vitaminen bezahlt wurden? Der Violinist kam direkt mit der U-Bahn von einem klassischen Konzert im Konzerthaus in Vika.

Das Valka versprühte einen rauen Charme, die Leute klatschten im Takt und grölten der Kapelle ihre Musikwünsche zu. Es machte den Anschein, als würden alle die fünf Musikanten persönlich kennen. Ab und zu wurden die Gäste von einzelnen eifrigen Fans aufgefordert, ein bisschen leiser zu sein, damit man einen Text verstehen oder einem Solo lauschen konnte. Der Professor wünschte sich Schostakowitschs Walzer Nummer 2.

Inzwischen war ich schon öfter im Valka und weiß, dass man hier auch erleben kann, wie fröhliche Amateure ihre Musikinstrumente hervorholen und für Unterhaltung sorgen, während *Sturm und Drang* ihre »Halbliterpause« machen oder ihr Konzert beendet haben.

An jenem Abend, als mich der Professor einlud, war ich

von mir selbst und meiner Zusage überrascht, weil ich mich eigentlich schon auf mein Bett gefreut hatte, aber meine Spontaneität hing wohl mit meinem allgemeinen Gemütszustand zusammen. Früher hatte ich freundliche Fragen, wie es mir gehe, aus alter Gewohnheit und Höflichkeit stets mit »danke, schon viel besser« beantwortet, jetzt meinte ich es tatsächlich so. Das Rollo war plötzlich nach oben geschnellt, und das Tageslicht strömte wieder herein. Ich hatte das Bedürfnis, hinaus in die Sonne zu gehen und den Kies unter meinen Sohlen knirschen zu hören. Der Lauf der Zeit kann die dunkelsten Ecken der Verzweiflung erhellen.

Ich spürte die Veränderung zunächst körperlich, als würde ein großes Joch von meinen Schultern genommen. Vorher war ich gramgebeugt gewesen, wie es so treffend heißt, oder sorgenschwer. Und plötzlich erlebte ich von einem Moment auf den anderen einen Stimmungsumschwung. Ich fühlte mich wie nach einer Bluttransfusion, als würde der Sauerstoff wieder freudig durch meine Adern strömen.

Als ich trauerte, hatte ich so viel Energie wie ein alter Waschlappen gehabt, jetzt bekam ich Lust, ein paar zusätzliche Liegestütze zu machen und ein paar Hantelscheiben mehr aufzulegen. Jetzt höre ich die Vögel im Chor zwitschern – ist das nicht ein Rotkehlchen, das die Rückkehr des Lichts verkündet? Es riecht nach Frühling, und der Schnee schmilzt. Die Schneeglöckchen und die anderen Winterblumen zeigen sich auch schon in den Vorgärten vor den Mietshäusern in Fagerborg.

Endlich schlägt mein Herz wieder im Takt mit dem Universum. Endlich lächelt mein Herz wieder. Jetzt muss ich nur noch aufstehen, um diesen schönen Morgen zu genießen. Ich schaue aus dem Fenster und sehe die Welt mit neuen Augen. Ich will dabei sein.

Wo ist Eiolf jetzt, da die Trauer nicht mehr allen Raum einnimmt?

Er ist eine Spur in meinem Herzen, etwas, das ich mein ganzes Leben in mir tragen werde.

Allerdings muss ich zugeben, dass ich immer die Paare betrachte, die an mir vorbeigehen – nicht die ganz jungen, sondern die längst Erwachsenen, die Hand in Hand gehen.

Der Himmelskuss

Ich habe meinen Mann verloren, sage ich. Die meisten Leute verstehen darunter: Mein Mann ist tot. Für mich bedeutet das Wort »verloren« aber auch, dass ich nach ihm Ausschau halte, und nach Anzeichen dafür, dass er nach wie vor ein Teil des Lebens auf dieser Erde ist, Teil meines Lebens. Und ich habe die heimliche Erwartung, er könnte mir vielleicht eine Kusshand zuwerfen oder mir schelmisch zuwinken. In meiner Trauergruppe habe ich erfahren, wie selbst die hartgesottenen Atheisten und Rationalisten nicht davor gefeit sind, die Nähe der Toten wahrzunehmen. Ich selbst habe das auch erlebt, schon mehrmals. Ich glaube, die Trauer macht irgendetwas mit dem Gehirn. Manche Gedanken, die man früher unmöglich denken konnte, können sich plötzlich frei entfalten.

Wie sich herausstellte, war meine erste Spitzmorchelstelle nur in jenem einen Jahr dort. Im Jahr darauf wuchs in dem Vorgarten in Grünerløkka keine einzige Morchel, obwohl ich mehrmals zur Kontrolle vorbeischaute. Ich musste mich damit abfinden, dass die Morchelglückslotterie beendet war. Deshalb richtete ich meine Aufmerksamkeit gespannt auf mein Mulchbeet, das ich mittlerweile im Kleingarten angelegt hatte. In der Regel dauert es ein oder zwei Jahre, bevor die Spitzmorcheln kommen – eventuell.

Morgens frühstücke ich direkt neben diesem Beet, auf einer kleinen Terrasse, die ich nach Eiolfs Tod bauen ließ, nach seinem eigenen Entwurf. Eigentlich hatte mich dieses Bauprojekt ein wenig überfordert, aber dann stellte ich mir vor, wie schön es wäre, zu einer neuen Kleingartensaison mit Eiolfs Terrasse wiederzukommen. Sie ist nicht groß, aber unsere Lieblingsgartenmöbel passen darauf. Morgens sitze ich auf der alten weißen Bank direkt unter dem Kirschbaum und lasse die Vollkommenheit des Gartens auf mich wirken, während ich mein Müsli esse. Eiolf hatte recht gehabt, dass sich die Terrasse gut als Frühstücksort eignen würde, während einen die Sonnenstrahlen wärmen.

Eines Morgens musste ich die Augen zusammenkneifen, weil ich glaubte, irgendetwas aus dem Beet hervorragen zu sehen. Ich war mir aber nicht sicher, ob es nicht nur die alten Rhododendronblüten waren, die vom Nachbarn herübergeweht waren, und lief in die Gartenhütte, um meine Brille zu holen. Mein Herz machte einen Satz, als ich sah, dass dort nicht nur eine Spitzmorchel, sondern sogar zwei gewachsen waren. Eine Woche vor Eiolfs Todestag. Nachdem er gestorben war, hatte sich mein Kalender für immer verändert. Zu unserem Hochzeitstag und unseren Geburtstagen waren noch weitere besondere Tage hinzugekommen. Manche machen sich schon lange im Voraus bemerkbar, und Eiolfs Todestag ist ein solcher. Dann fange ich innerlich an, herunterzuzählen: erst die Wochen, dann die Tage und am Ende die Stunden bis zu dem Augenblick, als Eiolf plötzlich nicht mehr lebte. Ich kann mich auf fast nichts anderes mehr konzentrieren, weil die innere Uhr so laut tickt. Erst danach kann das Leben wieder weiterlaufen. Dieses Jahr setzte ich an seinem Todestag gleich meine Brille auf und lief zu dem Beet, noch bevor ich mein Frühstück zubereitete. Ob Eiolf mir ein Zeichen geschickt hatte? Ich bekam eine Gänsehaut, als ich eine dritte Spitzmorchel im Beet entdeckte.

Es war ein Moment der Glückseligkeit, in dem alles um mich herum verschwand, übrig blieben nur ich und die Morchel. Sie war viel kleiner als die beiden anderen, die seit einer ganze Woche gewachsen waren, aber schlank und spitz und deutlich in all ihrer Morchelhaftigkeit. Andere hätten sich vielleicht bei höheren Mächten bedankt, aber ich dachte mit Wärme an den, den ich im Himmel kenne, und dankte ihm für die Liebkosung.

Pilzverhaltensregeln

Eigentlich gibt es nur eine Verhaltensregel, die alle Pilzsammler befolgen sollten:

Regel Nummer 1: Wenn Sie sich nicht vollkommen sicher sind, dass ein Pilz essbar ist, essen Sie ihn nicht.

Die übrigen Regeln sind nicht lebenswichtig, sondern nur Empfehlungen meinerseits.

Regel Nummer 2: Nehmen Sie die Bestimmung der Art ernst. Die Gefahr, einen Pilz mit einem anderen zu verwechseln, den man in seinem Handbuch sieht, ist stets vorhanden. Wenn Sie mit erfahrenen Pilzsammlern unterwegs sind, sollten Sie diese immer fragen, was ihrer Meinung nach das wichtigste Merkmal der Art ist, die Sie gefunden haben. Ab und zu haben die Experten einen persönlichen Kniff zur Erkennung, der nicht in den Pilzbüchern steht.

Regel Nummer 3: Seien Sie immer bereit. Ich habe stets etwas dabei, um die Pilze zu ernten und sie zu transportieren. Von Mai bis Dezember bin ich mit einem Pilzmesser bewaffnet. Es gibt nichts Schlimmeres, als einen Pilz zu finden, ohne die passende Ausrüstung dabeizuhaben. Während manche am liebsten so wenig Hilfsmittel wie möglich verwenden, rüsten sich andere mit einem GPS, einer Lupe oder gar einer Einschlaglupe mit LED-Beleuchtung, um alle interessanten Details zu studieren. Finden Sie Ihren eigenen Stil – aber seien Sie bereit.

Regel Nummer 4: Mischen Sie keine Pilzarten, die Sie kennen, mit Arten, bei deren Identifizierung Sie nicht sicher sind. Es wäre schade, all die guten Funde wegwerfen zu müssen, weil der Sachverständige bei der Kontrolle ein giftiges Exemplar unter den Speisepilzen finden würde.

Regel Nummer 5: Reinigen Sie die Pilze vor Ort schon einmal grob. Sonst schleppen Sie den ganzen Schmutz ins Haus. Ich ziehe es vor, wenn die gesammelten Pilze quasi schon bereit für die Bratpfanne sind.

Regel Nummer 6: Achten Sie darauf, saubere Hände zu haben. Es genügt schon, sie mit etwas nassem Moos zu säubern. Einen tödlichen Pilz darf man übrigens durchaus anfassen. Tödliche Pilze entfalten ihre Wirkung nur, wenn man sie isst.

Regel Nummer 7: Nehmen Sie an den Lehrwanderungen des örtlichen Pilzvereins teil. So lernen Sie neue Orte und Gleichgesinnte kennen.

Regel Nummer 8: Begleiten Sie Pilzfreunde, die mehr wissen als Sie selbst. Das ist der beste Weg, um etwas zu lernen. Je größer das Wissen, desto größer die Freude.

Regel Nummer 9: Hören Sie nie auf, etwas über Pilze zu lesen, nachzuschlagen, im Internet zu recherchieren und an Diskussionen in sozialen Medien und anderswo teilzunehmen.

Regel Nummer 10: Verlassen Sie sich auf Ihre eigenen Fähigkeiten. Und glauben Sie nicht alles, was andere – auch Pilzkenner – Ihnen über Dinge erzählen, bei denen auch persönliche Vorlieben eine Rolle spielen.

Pilzregister

A

Amanita chepangiana 146

B

Birken-Rotkappe, *Leccinum versipelle* 25 ff., 144
Bittermandel-Risspilz, *Inocybe hirtella* 200
Blasser Kokosflocken-Milchling, *Lactarius glyciosmus* 226
Blauender Düngerling, *Panaeolus cyanescens* 257
Blaugrüner Reiftäubling, *Russula parazurea* 153
Bluttäubling, *Russula sanguinea* 300
Bocks-Dickfuß, *Cortinarius camphoratus* 204, 209, 212
Boletus barrowsii 170 f.

C

Candy Cap, *Lactarius rubidus* 281 ff.
Cortinarius rheubarbarinus 200

D

Dickblättriger Schwarztäubling, *Russula nigricans* 297
Dünnfleischiger Anisegerling, *Agaricus silvicola* 142, 227
Duftender Gürtelfuß, *Cortinarius paleaceus* 226
Duftender Zwergtäubling, *Russula odorata* 304
Dunkelstreifiger Scheidling, *Volvariella volvacea* 146
Dunkler Hallimasch, *Armillaria ostoyae* 22

Mehl-Räsling, *Clitopilus prunulus* 189 f., 226, 228
Milchbrätling, *Lactarius volemus* 30, 206

N

Nebelgrauer Trichterling, *Clitocybe nebularis* 201
Nelken-Schwindling, *Marasmius oreades* 77
Netzstieliger Hexenröhrling, *Boletus luridus* 138 f.
Nichtverfärbender Schneckling, *Hygrophorus cossus* 205
Niedergedrückter Rötling, *Entoloma rhodopolium* 227

P

Pfeffer-Röhrling, *Chalciporus piperatus* 192
Porphyrbrauner Wulstling, *Amanita porphyria* 206, 226, 228

R

Reifpilz, *Cortinarius caperatus* 154
Rhabarberfüßiger Raukopf, *Cortinarius callisteus* 205
Riesenbovist, *Langermannia gigantea* 305
Riesenchampignon, *Agaricus augustus* 30, 93, 95, 97 ff., 141 f., 195, 304
Riesenritterling, *Tricholoma colossus* 305
Ringloser Hallimasch, *Armillarilla tabescens* 64
Rosenroter Schmierling, *Gomphidius roseus* 80
Roter Heringstäubling, *Russula xerampelina* 207, 226

S

Salzwiesenchampignon, *Agaricus bernadii* 271
Sand-Röhrling, *Suillus variegatus* 307
Schaf-Porling, *Albatrellus ovinus* 26

Halluzinogene Pilzarten laut der »Drogenliste« der norwegischen KRIPOS

Panaeolus cambodginiensis

Panaeolus cyanescens, Blauender Düngerling

Panaeolus tropicalis

Pluteus salicinus, Grauer Dachpilz

Psilocybe argentipes

Psilocybe australiana

Psilocybe atzecorum, Aztekischer Kahlkopf

Psilocybe azurescens, Stattlicher Kahlkopf

Psilocybe baeocystis

Psilocybe bohemica, Böhmischer Kahlkopf

Psilocybe caeruluscens

Psilocybe caerulipes

Psilocybe cubensis, Kubanischer Kahlkopf

Psilocybe cyanescens, Blauender Kahlkopf

Psilocybe cyanofobrillosa

Psilocybe fimetaria

Psilocybe herrerae

Psilocybe hoogshagenii

Psilocybe liniformans

Psilocybe mairei

Psilocybe mammillata

Psilocybe mexicana, Mexikanischer Kahlkopf

Psilocybe muliercula

Psilocybe natalensis

Psilocybe pelliculosa

Psilocybe quebecensis
Psilocybe samuiensis
Psilocybe serbica, Serbischer Kahlkopf
Psilocybe strictipes
Psilocybe stuntzii, Natternstieliger Kahlkopf
Psilocybe subaeruginascens
Psilocybe subaeruginosa
Psilocybe subcaerulipes
Psilocybe tampanensis
Psilocybe venenata
Psilocybe wassoniorum
Psilocybe weilii
Psilocybe zapotecorum

Literaturverzeichnis

Borgarino, Diedier: *Le guide de Champignons.* Saint-Remy-de-Provence, Edisud 2011

Crook, Langdon: *The Mushroom Hunters. On the Trail of an Underground America.* New York, Ballantine Books 2013

Gennep, Arnold van: *Übergangsriten.* Frankfurt, Campus 2005 (1909)

Lincoff, Gary: *The National Audubon Society Field Guide to North American Mushrooms.* New York, Knopf 2010

Mauss, Marcel: *Die Gabe. Die Form und Funktion des Austauschs in archaischen Gesellschaften.* Suhrkamp, Frankfurt am Main 1968 (1923/1924)

Wasson, R. Gordon: *The Wondrous Mushroom: Mycolatry in Mesoamerica.* New York, McGraw-Hill Book Company 1980

Weber, Nancy S.: *A Morel Hunter's Companion: A Guide to True and False Morels.* Michigan, Thunder Bay Press 1995

Wright, John: *Mushrooms. The River Cottage Handbook.* London, Bloomsbury Publishing 2007

Unveröffentlichte Quellen

Spørrelistesvar fra Norsk etnologisk gransking (NEG), Norsk Folkemuseum, NEG 175 Sopp og bær (Frageboenantworten der Norwegischen ethnologischen Untersuchung (NEG), Norsk Folkemuseum, NEG 175 Pilze und Beeren)

Weitere Informationen

Deutsche Gesellschaft für Mykologie
https://www.dgfm-ev.de/

http://www.toxinfo.med.tum.de/pilze/pilzdatenbank

LONG LITT WOON, geboren 1958 in Malaysia, ist Anthropologin und zertifizierte Pilzexpertin. Sie arbeitete für das
norwegische Ministerium für Entwicklungshilfe und für die
Europäische Kommission, von 2003 bis 2005 leitete sie Norwegens Zentrum für Gleichstellung. Wenn sie nicht unterwegs ist, um auf der ganzen Welt nach Pilzen zu suchen,
berät sie Unternehmen und Behörden in Sachen Gleichstellung und Diversity. Long Litt Woon lebt in Oslo.

Die Originalausgabe erschien 2017 unter dem Titel »Stien tilbake til livet.
Om sopp og sorg« bei Forlaget Vigmostad & Bjørke AS, Norwegen.

Die Übersetzung wurde von NORLA, Oslo, gefördert.
Der Verlag bedankt sich dafür.

ClimatePartner.com/13244-1904-1001

Verlagsgruppe Random House FSC® N001967

1. Auflage
Copyright © 2017 by Forlaget Vigmostad & Bjørke A/S, Norwegen
vermittelt durch Winje Agency A/S,
Skiensgate 12, 3912 Porsgrunn, Norwegen
Copyright © der deutschsprachigen Ausgabe 2019
by btb Verlag in der Verlagsgruppe Random House GmbH,
Neumarkter Straße 28, 81673 München
Covergestaltung: semper smile München,
nach einem Entwurf von Laila Mjøs, Covermotiv: Laila Mjøs
Illustrationen: © 2019 by Oona Viskari, Foto der Autorin: © Johs. Bøe
Satz: Uhl + Massopust, Aalen
Gesamtherstellung: Print Consult GmbH, München
Printed in the Slovak Republic
ISBN 978-3-442-75813-5

www.btb-verlag.de
www.facebook.com/btbverlag